COURS ÉLÉMENTAIRE

DE

CULTURE MARAICHÈRE

PUBLIÉ

Sous le patronage de la Société nationale
d'horticulture de la Seine

PAR

COURTOIS-GÉRARD

et vendu au profit de la caisse de secours fondée
par la Société.

Prix : 50 centimes.

PARIS

CHEZ L'AUTEUR, MARCHAND GRAINIER-HORTICULTEUR
Quai de la Mégisserie, 34;
ET A LA LIBRAIRIE DE LA MAISON RUSTIQUE,
Rue Jacob, 26.

1852

S

COURS ÉLÉMENTAIRE

DE

CULTURE MARAICHÈRE.

IMPRIMERIE HORTICOLE DE J.-B. GROS,
RUE DES NOYERS, 74.

COURS ÉLÉMENTAIRE

DE

CULTURE MARAICHÈRE

PUBLIÉ

Sous le patronage de la Société nationale
d'horticulture de la Seine

PAR

COURTOIS-GÉRARD

PARIS

CHEZ L'AUTEUR, MARCHAND GRAINIER-HORTICULTEUR
Quai de la Mégisserie, 34,

ET A LA LIBRAIRIE DE LA MAISON RUSTIQUE,
Rue Jacob, 26.

1852

PRÉFACE

La propagation des vrais principes de l'*Horticulture maraîchère* n'a jamais été plus nécessaire que de nos jours.

Près des grands centres de population, les produits de cette culture exercent une grande influence sur le bien-être et la santé des classes laborieuses, des habitants des villes auxquels il importe que les légumes soient en toute saison abondants et à des prix constamment en rapport avec le taux des salaires. Partout ailleurs, ces mêmes produits peuvent apporter dans l'alimentation des habitants des campagnes, une variété qui constitue la plus désirable des améliorations, réalisable à très-peu de frais ; car, le cultivateur, pour jouir de tous les avantages que procure sous ce rapport, un jardin potager convenablement soigné, n'a rien à dépenser qu'un peu de peine qui, pour lui, peut aisément se changer en plaisir.

Ces considérations m'ont engagé à publier un résumé exact de tous les travaux qui sont pratiqués dans les principaux jardins maraîchers de Paris, du nord et du midi de la France. Je me suis particulièrement attaché à rendre ce travail, par la simplicité de la forme et la précision des indications, capable de servir de guide à tous ceux qui, précédemment étrangers à la culture maraîchère, voudront s'en occuper avec la certitude du succès.

Soumis en manuscrit à l'appréciation de la *Société nationale d'horticulture de la Seine*, mon *Cours élémentaire de culture maraîchere* a été honoré de son approbation éclairée, et cette Société, qui compte dans son sein les praticiens les plus distingués de l'horticulture parisienne, m'a autorisé à faire paraître cet ouvrage sous son patronage ; ce qui est pour moi un précieux gage de succès, et pour le public la plus sûre des garanties.

COURTOIS-GÉRARD.

COURS ÉLÉMENTAIRE

DE

CULTURE MARAICHÈRE.

—◦❈◦—

Première partie.

Préparation du sol. — Nature des terres. — Engrais et amendements. — Multiplication des plantes potagères.

Avant d'exposer en détail la manière dont il faut s'y prendre pour cultiver avec succès les plantes potagères, je dois commencer par donner quelques notions claires sur le choix et l'emplacement du potager ; le plus souvent le choix n'a pas à nous préoccuper ; car on trouve ordinairement le jardin tout fait, et il n'y a qu'à l'améliorer ou à l'agrandir. Mais lorsqu'il n'en existe pas, on doit partir de ce

1

principe, que, partout où il y a de la terre et de l'eau, on peut établir un potager.

Lorsqu'on peut choisir, c'est un terrain horizontal ou légèrement incliné, dans les localités naturellement humides, qui convient spécialement pour l'établissement d'un potager. Ce terrain doit être clos de murs, ou tout au moins entouré d'une bonne haie, afin que les bestiaux et la volaille ne puissent en ravager les produits.

Le sol d'un étang desséché, un terrain tourbeux, ou celui d'une prairie fraîche, comme il s'en rencontre beaucoup en Picardie, est particulièrement convenable à la culture des légumes. A défaut d'un terrain de cette nature, on fait choix d'un emplacement muni d'un bon puits qui ne tarisse pas en été, ou d'une source d'eau vive suffisamment abondante en toute saison. Quand ces deux ressources manquent, il faut au moins que le potager soit à portée d'un lieu où il soit possible de se procurer de l'eau en abondance et à volonté; car, à moins qu'on ne dispose d'un terrain naturellement très-frais, on ne peut espérer des récoltes abondantes de légumes, si le potager ne reçoit beaucoup d'eau pendant l'été.

Dans le midi de la France, il est bon que le jardin potager soit garni d'arbres fruitiers à haute tige, à l'ombre desquels les légumes viennent plus beaux et meilleurs qu'ils ne pourraient l'être s'ils croissaient en plein soleil. Dans tout le reste de la France, particulièrement dans le nord, il ne doit y avoir aucun arbre dans le potager, si ce n'est à titre de *brise-vent* dans la direction des vents dominants, pour en atténuer autant que possible la violence.

L'emplacement étant choisi, dès que le sol a été préparé comme nous le verrons en nous occupant du défoncement, on divise sa surface par grands carrés coupés à angle droit par des allées assez larges pour qu'on y puisse circuler librement; puis on divise chaque carré séparément en planches parallèles entre elles, ayant environ 1 mètre 33 centimètres de largeur. Des sentiers sont ménagés dans les intervalles de ces planches; si le sol est humide, on creuse ces sentiers de sorte qu'ils se trouvent *plus bas* que le niveau des planches; si le sol est sec, c'est le contraire; les sentiers doivent être *plus hauts* que les planches, afin de retenir l'eau des arrosages. Dans les jardins maraîchers du midi de la France, on dispose le terrain en billons entre lesquels on pratique des rigoles pour faire circuler l'eau. Cette forme donnée à la surface du terrain, considérée comme une nécessité dans les pays méridionaux en raison de la grande quantité d'eau qu'exige en été la culture des légumes, peut être également très-utile pour l'égouttement des terrains humides cultivés à la manière ordinaire sous d'autres climats.

Pour faire au printemps les semis précoces et le repiquage des plantes qui ont plus besoin que les autres d'être favorisées par la chaleur, on réserve à l'exposition du midi une large plate-bande: c'est ce qu'on nomme une *costière*. D'autres semis peuvent être faits également, ainsi que des repiquages aux expositions du levant et du couchant ; ils y réussissent mieux qu'au centre du jardin. Pendant les chaleurs de l'été, une plate-bande exposée au nord peut être utilisée pour élever le plant qui craint le soleil.

Le tracé sur le terrain étant terminé, il reste à prendre les dispositions relatives aux arrosages. Il importe, pour faciliter cette branche essentielle des travaux du jardinage maraîcher, que l'eau puisse se rencontrer sur plusieurs points du potager.

Les maraîchers des environs de Paris enterrent de distance en distance des tonneaux communiquant entre eux, soit par des tuyaux souterrains, soit par des rigoles découvertes formées de deux planches. Cette disposition est surtout avantageuse, en ce que l'eau puisée d'avance ayant séjourné dans les tonneaux, y prend une température douce et qui la rend très-favorable à la végétation. Partout où il faut aller chercher l'eau à une grande profondeur, l'appareil connu sous le nom de *manivelle* aux environs de Paris, espèce de manége simple, peu dispendieux à établir, facile à manœuvrer, est l'un des meilleurs qui puissent être appliqués à la même destination. Quand les puits, qui fournissent l'eau pour les arrosages, ne sont pas trop profonds, on peut, comme le font les maraîchers de Meaux, tirer l'eau des puits avec une corde, des seaux, et une poulie que l'on suspend à un gibet formé de trois perches placées en triangle et réunies par le haut.

Quel que soit le moyen adopté pour puiser l'eau et la distribuer dans les jardins maraîchers, il est indispensable de prendre d'avance ses mesures pour qu'elle puisse être donnée largement ; car il est de principe dans la culture maraîchère qu'il vaut presqu'autant ne pas arroser du tout que d'arroser trop peu ; aussi les maraîchers parisiens ne disent-ils pas *arroser*, mais *mouiller*, pour exprimer le genre d'arrosage sans lequel leurs cultures ne pourraient prospérer.

Tous les préparatifs étant ainsi terminés, on donne au sol un bon labour, puis un hersage soigné à l'aide de la fourche ; après quoi l'on enlève à l'aide du rateau, les pierres, les mottes, les racines et tous les débris ramenés à la surface. Alors, selon la destination de chaque partie du terrain, on la laisse en cet état, les façons préparatoires étant achevées, ou bien l'on y trace des rayons pour les semis ou les plantations en lignes.

TERRES. — Le sol de la France, au point de vue géologique aussi bien qu'à celui de la culture, offre d'assez nombreuses variétés de terres labourables qui, toutes, peuvent être rapportées à deux divisions principales, dont la première comprend les *terres fortes* et la seconde les *terres légères*.

Les terres fortes sont celles où l'argile domine, c'est leur caractère général ; l'action fertilisante des fumiers est plus durable dans les terres de cette nature que dans les terres légères ; elles conservent plus longtemps que les autres leur fraîcheur naturelle ; mais la végétation y est tardive, et il est nécessaire d'en diviser la surface en été, par de fréquents binages.

Les terres légères sont siliceuses ou calcaires, selon que la silice ou la chaux en est l'élément dominant ; elles s'échauffent promptement ; ce n'est qu'à force d'eau qu'il est possible d'en obtenir des récoltes satisfaisantes dans les années sèches ; il leur faut toujours, même dans les années ordinaires, des arrosages plus abondants qu'aux terres fortes, pour la culture maraîchère.

Ces diverses qualités de terres peuvent toutes produire de beaux et bons légumes ; mais, à la condition que si l'élément minéral qui les caractérise dépasse certaines proportions ces terres soient modifiées ou *amendées* par l'addition, en quantité suffisante, de l'élément qui leur manque. Ainsi, le sable et la marne

friable ajoutés aux terres fortes argileuses, les
amendent en les divisant et en diminuant leur
excessive ténacité; la terre argileuse est par
contre un très-bon amendement pour les
terres trop légères, dont elle augmente la consistance.

ENGRAIS. — L'utilité, ou pour parler plus
exactement, l'indispensable nécessité des engrais pour la culture maraîchère, est généralé-
ment si bien comprise, si bien appréciée, que
partout où cette culture est pratiquée, le fumier en est regardé comme la base.

Quel que soit le sol, le climat ou le genre de
culture, pour avoir des récoltes abondantes, il
faut du fumier, il en faut seulement plus ou
moins pour produire l'effet désiré, selon l'é-
puisement du sol, le degré d'énergie fertilisante des engrais et le climat sous lequel on
opère.

Dans les terres légères et brûlantes, le fumier
de vache est le meilleur; à défaut de cet engrais,
on en peut employer tout autre, pourvu qu'il
soit à demi-consommé.

Dans les terres fortes humides et froides
qu'il est toujours avantageux de diviser, le
fumier long, peu fermenté et peu avancé en

décomposition, convient mieux que tout autre.

C'est en automne ou pendant l'hiver qu'on enterre les fumiers destinés à la grande culture, à la dose d'environ 300 kilogr. par are, dose suffisante lorsqu'on donne au sol de bon fumier de ferme, provenant de plusieurs espèces de bestiaux; une fumure dans ces proportions fait sentir son effet utile pendant trois ans. Mais, dans la culture d'un jardin potager, la fumure de 300 kilogr. par are doit être renouvelée tous les ans.

Le fumier des bestiaux n'est pas le seul engrais qui puisse être appliqué avec avantage à ce genre de culture. Les boues des villes, les plantes marines, telle que le varech ou goëmon, toutes les matières animalisées, notamment le sang desséché, les os broyés, la râpure d'os et de corne, selon les facilités et les ressources que chaque localité peut offrir, sont aussi des engrais très-actifs.

La terre destinée à la culture des légumes peut aussi être fumée avec l'*engrais humain* délayé, soit dans l'eau, soit dans l'urine, sans que l'on ait à craindre qu'il communique aux légumes une saveur désagréable. Il n'est pas de fumure plus énergique, et son efficacité est aussi grande sous les climats du nord que sous ceux du midi.

Dans toutes les localités où il est possible de se procurer le guano à un prix raisonnable, il peut être employé, soit en poudre, mêlé à la terre, soit délayé dans l'eau et répandu comme engrais liquide au pied des plantes ; cet engrais et quelques autres qu'on ne peut jamais employer qu'à faible dose, tels que la *colombine* ou fiente des pigeons et des poules, sont particulièrement propres aux plantes dont il est nécessaire d'activer la végétation : on l'emploie spécialement pour les concombres, les melons et les tomates.

PAILLIS. — On nomme *paillis* une couverture de fumier court qu'on étend sur les semis pour faciliter la germination des graines, et pour protéger la levée des jeunes plantes ; c'est sa principale, mais non pas sa seule destination : on donne également un paillis aux planches du potager qui doivent être fréquemment arrosées. Le paillis conserve la fraîcheur de la couche superficielle du sol ; il a surtout pour effet d'empêcher la terre battue par l'eau des arrosages, de se durcir avec excès. Lorsqu'enfin le paillis est enterré par les labours donnés à la fin de l'automne, il contribue comme engrais à fertiliser la terre du potager.

A défaut de fumier court, on peut, dans les pays vignobles, étendre sur les planches du potager de vieux marc de raisin qui, tout aussi bien que le fumier, empêche la terre de se plomber.

TERREAU. — On nomme *terreau*, le résidu consommé du fumier, quel que soit sa nature, lorsqu'il est arrivé à son dernier degré de décomposition; tout fumier mis en tas et abandonné à lui-même, finit par se convertir en terreau. Le terreau qu'on emploie pour la culture maraîchère provient du fumier décomposé des vieilles couches à melons et de celles qui ont servi pour les premiers semis, à la fin de l'hiver. On s'en sert, soit comme des paillis, pour protéger les semis, soit comme amendement, pour rendre plus légères les terres trop compactes.

Les feuilles mises en tas et décomposée lentement, deviennent, comme le fumier, un excellent terreau, applicable aux mêmes usages que le terreau des vieilles couches.

DÉFONCEMENT. — Lorsqu'on établit un jar-

din potager sur un terrain neuf, les grandes
herbes sèches qui peuvent s'y rencontrer, doivent être arrachées, mises en tas et brûlées ;
leurs cendres sont mises à part pour être ré-
pandues sur le sol lorsqu'il aura été défoncé.

Voici comment on procède à l'opération du
défoncement. A l'une des extrémités du terrain, on ouvre une tranchée dont la largeur
varie de 60 centimètres à un mètre. La profondeur à donner à cette tranchée est également variable ; elle dépend de la nature plus
ou moins bonne du sol ; elle est habituellement de deux fers de bêche ou d'environ
80 centimètres. Quand le sous-sol est de mauvaise nature, on a soin, pendant l'opération,
de réserver la bonne terre pour la couche
superficielle, sans la mêler au sous-sol. A mesure qu'on ouvre la tranchée, la terre qu'on
en retire est portée à l'extrémité opposée de
la pièce de terre, où doit s'arrêter le défoncement ; elle y reste déposée jusqu'à ce qu'elle
serve à combler la dernière tranchée en termi-
nant la besogne.

Chaque tranchée successivement ouverte est
remplacée par une autre de même largeur ; on
a soin de retourner la bonne terre pour que le

dessous se trouve en dessus. Si le défoncement est exécuté à une époque de l'année où il n'est pas possible de mettre immédiatement la culture maraîchère en activité, on laisse le terrain dans l'état brut où l'a laissé l'opération, avec de grosses mottes à sa surface; la terre profite mieux ainsi des influences atmosphériques. Au moment d'y commencer la culture, on donne une façon soignée à la fourche pour briser les mottes, et enlever les pierres dont on se sert pour consolider le sol des allées. On donne au contraire cette même façon aussitôt après le défoncement, lorsque la culture doit y être immédiatement établie. Il vaut toujours mieux, quand les circonstances le permettent, que le sol neuf destiné à l'établissement d'un potager soit défoncé quelques temps avant d'être ensemencé ou planté; le sol défoncé qui a *pris l'air*, n'en est que plus favorable à la végétation des plantes potagères.

Labours. —Dans les jardins maraîchers où le terrain est rarement inoccupé, il n'y a pas d'époque rigoureusement déterminée pour l'exécution des labours; on peut dire seulement que les premiers labours s'exécutent en général dès que les pluies d'automne ont suffisamment humecté la terre. Chacun doit se régler à cet égard d'après le climat de sa localité ; il importe beaucoup que le labour prenne la terre bien à son point, ni trop sèche, ni trop humide.

A partir de l'automne et successivement pendant l'hiver, on enterre les fumiers ; les labours donnés en cette saison doivent être plus profonds que ceux qui seront donnés à partir du printemps, durant la belle saison, lorsqu'une nouvelle culture devra, selon l'époque, prendre la place d'une autre, dont les produits auront été récoltés.

Dans le jardin potager comme dans les autres jardins, tous les labours s'exécutent à la bêche. On commence par entamer la terre de manière à ouvrir une fosse nommée *jauge*, de 25 à 30 centimètres de profondeur sur 30 à 35 de largeur, occupant en longeur toute la largeur d'une planche. Si l'on doit labourer deux planches qui se touchent, on dépose sur l'extrémité de la seconde, la terre prise dans la jauge de la première, sans qu'il soit nécessaire de la porter à l'autre bout de la première planche. Si l'on a une seule planche à labourer, la terre de la jauge doit être portée à son extrémité opposée, pour combler le vide qui se rencontrera nécessairement à la fin du labour.

Si facile que soit le labour à la bêche, ce travail exige, pour être bien fait, une certaine habileté, que l'on ne peut acquérir que par la pratique. Pour bien labourer, on doit prendre la terre par *béchée* que l'on replace sur le bord opposé de la jauge, en ayant soin à chaque coup de bêche, de la retourner, pour que celle du fond se trouve à la surface; on doit aussi briser soigneusement les mottes de terre, enlever toutes les pierres et les racines que l'on trouve en labourant, et faire en sorte que la surface du terrain ne soit pas plus élevée sur un point que sur l'autre.

Pendant les labours d'hiver, destinés principalement à enterrer le fumier, on dépose l'engrais dans la jauge, le plus également possible; il ne doit pas être enfoui trop profondément, afin qu'il puisse plus tard se trouver en contact avec les racines des plantes potagères.

Enfin chaque fois qu'on laboure dans le jardin maraîcher, on doit faire rentrer dans les planches la terre des sentiers qui se trouve amendée par une année de repos.

HERSAGE. — Cette opération s'exécute ordinairement à la fourche, soit après les labours, pour achever de briser les mottes et ramener les pierres à la surface du sol pour l'en débarrasser, soit après les semis à la volée, pour répartir très-également la graine et la bien mettre partout en contact avec la terre.

SEMIS. — Toutes les plantes potagères se reproduisent par le semis de leurs graines; on les sème, soit en place, soit en pépinière, pour repiquer quelque temps après le jeune plant. Pour que les semis réussissent, il faut que le sol ait été préparé par de bons labours, comme je l'ai indiqué. La plupart des graines de plantes potagères demandent à être semées fraîches, c'est-à-dire, récoltées l'année précédente; il y a exception pour les chicorées et les diverses espèces de choux, dont le plant pomme mieux, lorsqu'il provient de graines de deux ans. La profondeur à laquelle chaque genre de graine doit être enterrée, varie en raison du volume des semences; les moins volumineuses doivent être moins recouvertes de terre que les plus grosses.

Quelque soin qu'on puisse apporter dans
l'exécution des semis, les graines qui sé-
journent longtemps en terre avant de lever
sont quelquefois atteintes par la pourriture, ou
bien elles sont la proie des insectes. Quelques
jardiniers, pour diminuer les chances de pertes
de ce genre, sont dans l'usage de faire tremper les semences avant de les confier au sol,
dans le but de hâter leur germination.

SEMIS A LA VOLÉE. — Le sol étant préparé,
comme on l'a vu plus haut, l'on entraîne avec
un râteau à dents serrées, un peu de terre sur
les bords de la planche; puis on prend une
poignée de graines qu'on répand sur le sol en
la laissant passer entre les doigts par un mou-
vement d'arrière en avant. Pour rendre le semis plus égal et éviter de répandre de la graine
dans les sentiers, on s'y reprend à deux fois
pour ensemencer la largeur de la planche, en
commençant à chaque fois par l'un des bords.
Lorsqu'on est assuré de la bonne qualité de la
graine, il ne faut pas semer trop épais, afin
que le plant de semis soit vigoureux. Si malgré cette précaution, le plant lève trop serré
ou trop *dru*, comme disent les maraîchers, on
l'éclaircit de bonne heure à la main. On mêle

avec du sable ou de la terre sèche, au moment de les semer, les graines fines qu'il est très-difficile de ne pas semer trop épais sans cette précaution.

Le semis étant achevé, on herse légèrement le terrain, on le foule sous les pieds pour bien *attacher* la graine au sol; puis, pour la recouvrir, on ramène, avec le dos du râteau, la terre mise en réserve, sur toute la surface de la planche; on laisse toutefois, sur les bords, une partie de cette terrre pour retenir l'eau des arrosements. On peut aussi répandre sur la planche une légère couche de terreau, après quoi, si le temps est sec, on arrose fréquemment pour faciliter le germination des graines.

Au printemps, lorsqu'on désire obtenir du plant bon à repiquer de bonne heure, on peut, au lieu de semer en pleine terre, semer sur ados. Ce genre de semis consiste à disposer le terrain en pente inclinée au midi au lieu de le laisser à plat; on sème sur cette pente, et l'on recouvre les semis, soit avec des cloches, soit avec des paillassons pendant la nuit. On étend ces derniers sur des gaulettes qui les soutiennent pour qu'ils ne froissent pas le plant.

SEMIS EN LIGNES OU EN RAYONS. — Dans les

terres légères, les lignes pour les semis se tracent, avec les pieds, dans le sens de la longueur des planches. Ce travail s'exécute en marchant les pieds écartés très-régulièrement, de manière à former à la fois deux lignes ou rayons.

Ce procédé n'est pas praticable dans les terres fortes et compactes ; l'on y trace les rayons avec la binette ou avec l'angle de la râtissoire, à la profondeur de 5 centimètres environ, plus ou moins espacés entre eux, selon la distance désirée pour les semis en lignes de différentes graines. On les recouvre comme les graines semées à la volée, soit avec de la terre, soit avec du terreau ; les semis sont ensuite arrosés selon le besoin.

Repiquage. — Toutes les plantes potagères qui ne peuvent être semées en place ont besoin d'être repiquées.

Pour que cette opération réussisse complétement, il ne faut pas attendre que le plant soit trop avancé en végétation ; non-seulement, dans ce cas, sa reprise serait plus difficile, mais encore les produits du plant repiqué seraient de beaucoup inférieurs à ceux du même plant repiqué plus jeune.

On repique sur un sol convenablement préparé et recouvert à sa surface d'un paillis de fumier court. Ce paillis rend plus durable l'effet utile des arrosages, par rapport au plant repiqué ; il a aussi l'avantage d'empêcher le plant de se *coller* à la terre, ce qui entraîne souvent la pourriture des feuilles.

Le terrain étant prêt à recevoir le plant, on repique à des distances variables, en ayant soin de veiller à ce que chaque plante parvenue aux dimensions qu'elle doit atteindre, ne soit pas gênée par ses voisines. Après avoir *bassiné*, c'est-à-dire mouillé modérément la planche si la terre est trop sèche, on prend une poignée de plant de la main gauche et un plantoir de la main droite ; ayant fait un trou, sans lâcher la poignée de plants, on en met un dans le trou, de manière que sa racine se trouve dans une position bien perpendiculaire. Si la plante que l'on repique est de celles dont les racines, comme celles des chicorées et des laitues par exemple, tendent à s'étendre horizontalement, on doit les planter peu profondément, tandis que l'on doit, au contraire, enterrer le poireau et les choux jusqu'aux premières feuilles. Le plant étant ainsi placé, on le *borne*, en serrant la terre contre sa racine au moyen du plantoir.

En temps de sécheresse, le repiquage ne doit se faire que le soir ou le matin ; en tout cas, aussitôt après l'opération, on donne un arrosage au pied de chaque plante pour faire descendre la terre entre les racines et faciliter la reprise du plant repiqué.

SARCLAGE. — Cette opération consiste à enlever la mauvaise herbe, comprenant toutes les plantes étrangères à la culture. Dans les jardins maraîchers, on sarcle à la main ; il faut beaucoup d'habitude et d'attention lorsqu'on sarcle une planche dont le semis est levé depuis peu, pour ne pas confondre les bonnes plantes encore très-petites, avec la mauvaise herbe. Quand la terre est sèche, le sarclage est très-difficile ; c'est pourquoi, lorsqu'une planche du potager doit être sarclée, on a soin de la *bassiner* fortement une heure avant de commencer l'opération.

BINAGE. — Les plantes potagères n'ont pas moins besoin d'être binées que d'être sarclées. Le binage s'exécute au moyen de l'instrument nommé *binette*, soit avec la lame, soit avec les dents, selon le besoin. Cette opération a pour but d'ameublir la couche superficielle du sol, afin de la rendre perméable aux influences atmosphériques ; l'expérience prouve que les plantes, dont les racines ne pénètrent pas très-avant dans le sol, ont moins à souffrir de la sécheresse quand sa surface est ameublie par le binage ; elles peuvent dans ce cas profiter complétement des effets bienfaisants de la rosée pendant la nuit.

Dans quelques circonstances, par exemple, à l'égard des plantes repiquées, le binage peut remplacer le sarclage.

Les binages sont plus ou moins nécessaires, selon la nature des terrains ; ils doivent être fréquents sur ceux dont la surface est sujette à se durcir en formant une croûte qui doit être brisée ; dans les terres légères où cet inconvénient ne se manifeste pas, on peut s'abstenir de biner, pourvu que le sol soit bien *paillé* après la plantation.

Arrosements. — La culture maraîchère n'est productive et réellement avantageuse, qu'à la condition d'arroser et même d'arroser beaucoup ; toutefois les arrosements doivent être plus ou moins abondants, selon la nature du sol consacré à cette culture ; les terres fortes où l'argile domine, veulent plutôt être fréquemment bassinées que mouillées à fond, comme le demandent les terres légères.

L'eau des arrosements n'est pas partout distribuée aux plantes de la même manière; dans tout le midi de la France, les jardins potagers sont traversés par une rigole qui part du puits, longe les allées et amène l'eau entre chaque billon. Lorsqu'on introduit l'eau dans la rigole et qu'elle arrive à la hauteur du premier billon qui doit être arrosé, on la dirige dans la raie qui accompagne ce billon; dès qu'il est plein, on en ferme l'issue par un petit bâtardeau en terre; on enlève celui qu'on avait établi dans la rigole principale pour détourner l'eau qu'on fait pénétrer dans le second rayon, et ainsi successivement jusqu'à l'irrigation complète de tout le terrain. On donne habituellement, du mois de mai au mois de septembre, deux arrosages semblables par semaine, à raison de 4,000 litres d'eau par are.

Les maraîchers des environs d'Amiens emploient un autre procédé d'irrigation; les terrains qu'ils cultivent étant entourés de canaux toujours pleins d'eau, ils y puisent l'eau avec une écope de bois à long manche et la jettent à la volée, de manière à mouiller à chaque fois un grand espace sur lequel ils savent la répartir très-également.

Les jardiniers maraîchers qui cultivent les *varannes* ou marais des environs de Tours, arrosent avec des seaux ou *seilles* de bois, dont ils répandent l'eau avec beaucoup d'habileté. Quels que soient les avantages de ces divers procédés, il n'en est aucun qui soit comparable, à mon avis, aux arrosoirs dont se servent les maraîchers des environs de Paris.

La large pomme de ces arrosoirs, percée de trous assez fins, verse l'eau sous forme de pluie ; ainsi, pendant la sécheresse, on peut arroser à la fois toute la plante et le sol environnant, et procurer à ses feuilles l'humidité qu'elles ne peuvent plus puiser dans l'atmosphère. Quant aux légumes peu délicats, tels que les choux, qui exigent une grande quantité d'eau, on les arrose en versant l'eau au pied de chaque plante par la gueule de l'arrosoir, ce qui permet d'expédier la besogne beaucoup plus vite.

Tant que durent les fortes chaleurs, les maraîchers parisiens arrosent tous les jours ; ils ne distribuent pas moins de 2,000 *litres d'eau par are*, ce qui peut être considéré comme le maximum de la quantité d'eau nécessaire à ce genre de culture; car la terre des marais de Paris est légère, et ce n'est, pendant l'été, qu'à force d'eau que l'on peut obtenir de belles récoltes.

ARROSEMENTS FERTILISANTS. — Dans les campagnes, deux sources d'arrosements fertilisants, qu'il est toujours possible d'utiliser, sont le plus souvent négligées; je parle ici de *l'eau des pluies* et du *purin* ou jus de fumier. A l'exception des départements de notre extrême frontière du nord, où chaque ferme, grande ou petite, est ordinairement pourvue d'une citerne à l'eau de pluie et d'une autre pour l'urine du bétail, on laisse également courir dans le ruisseau l'eau qui s'écoule des toits et le liquide provenant des tas de fumier lavés par les pluies.

La perte de ces eaux est d'autant plus regrettable que la dépense d'une citerne ne dépasse pas les moyens du cultivateur dans les conditions ordinaires. S'il trouve cette dépense trop lourde, il peut toujours creuser un bassin dont il garnira les bords avec de la terre glaise bien battue; les frais alors se réduisent

2

à quelques journées de travail, et pendant la saison des pluies, rien n'est plus facile que de diriger les eaux qui coulent sur le sol, par des rigoles, vers le réservoir. Ce mélange d'eau de pluie et de purin constitue un liquide dont on peut se servir tout l'été, pour donner au potager des arrosages fertilisants d'une grande énergie.

Deuxième partie.

CULTURE.

La culture des plantes potagères comprend la récolte des graines, la préparation du sol, les semis, les repiquages et toute une série d'opérations dont chacune exige des soins plus attentifs et plus minutieux que ceux qu'il est possible d'accorder aux plantes traitées en grande culture. C'est par ces soins assidus que l'homme est parvenu à porter à un très-haut degré de perfection les légumes qui jouent un si grand rôle dans son alimentation.

Pour se former une idée exacte de la persévérance qu'il a fallu apporter dans ce travail de transformation des végétaux, il suffit de considérer l'Asperge, la Carotte, le Chou, la Chicorée, le Céleri, la Mâche, l'Oseille, le Panais, qui existent dans notre pays à l'état sauvage, et qu'on peut considérer comme types des races des mêmes végétaux que nous culti-

vons aujourd'hui. Mais, si la culture des
plantes potagères demande à l'homme une
plus forte somme de travail que beaucoup
d'autres cultures, elle lui offre de précieuses
ressources au point de vue de l'hygiène et le plus
ordinairement un profit pécuniaire considérable; on ne saurait trop engager les habitants des campagnes à lui accorder dans leurs
occupations habituelles une plus large place
que celle qu'ils sont dans l'usage de lui consacrer.

Convaincu que l'état généralement arriéré
de la culture des légumes dans les campagnes,
dépend uniquement du manque de notions
sur les bons procédés de cette culture ; per-
suadé qu'il doit suffire de porter à la con-
naissance de tous les méthodes perfectionnées
dont la pratique a valu une si juste célébrité
aux maraîchers parisiens, pour voir se réaliser
toutes les améliorations que réclame l'état de
notre culture maraîchère en province, j'ai tracé
le tableau exact de ce qui se fait de mieux
dans les jardins maraîchers de toute la France.

Que ceux qui voudront pratiquer ces méthodes et ces procédés se tiennent pour cer-
tains que, si dès la première année, ils n'ob-

tiennent pas des résultats en tout semblables à ceux qu'on réalise dans les jardins les plus soignés, ils en approcheront la seconde année d'aussi près que possible.

Enfin de toutes les opérations dont nous avons à nous occuper, il n'en est pas qui exerce sur le résultat définitif une influence plus marquée que la récolte des graines, c'est-à-dire, le choix intelligent des plantes porte-graines : car les mêmes raisons qui font rechercher comme reproducteurs les animaux domestiques les plus parfaits et les plus francs d'espèce dans chaque race, existent au même degré à l'égard des végétaux cultivés ; on ne peut espérer de les maintenir dans toute la perfection des qualités que chaque espèce comporte, qu'en faisant choix pour en récolter les graines, des individus les plus parfaits.

Il importe, pour récolter des graines parfaitement franches d'espèce, d'isoler avec soin les variétés et sous-variétés de la même plante. Cultivées sans précaution les unes à côté des autres, elles se fécondent réciproquement au moment de la floraison, et leur graine ne peut plus donner naissance qu'à des plantes dégénérées. Ainsi, les choux porte-graines de différentes variétés, doivent être plantés à une grande distance de ceux de variétés diverses ; les melons cantaloups ne doivent pas être cultivés à proximité des melons brodés; les carottes, les chicorées, les laitues, les radis, lorsqu'on veut en récolter de bonne graine, doivent être de même cultivés isolément, loin des variétés qui pourraient, en les croisant, les faire dégénérer.

Afin d'éviter toute confusion, je me suis borné dans chaque article de la deuxième partie, aux indications générales sur la culture de chaque plante ; si l'on veut se rappeler la meilleure manière de semer, de repiquer, d'arroser, on aura recours aux notions exposées sur ces divers sujets dans les articles spéciaux de la première partie.

AIL COMMUN.

(Thériaque des paysans.)

L'ail commun se multiplie par les cayeux de ses bulbes, qu'on plante en février et mars, à 15 centimètres environ les uns des autres en tout sens. Ils doivent recevoir pendant le cours de l'été quelques binages; on peut commencer à récolter les plus avancés dès le mois de juillet. Lorsque les feuilles ou *fanes* sont desséchées, on achève la récolte en arrachant les bulbes qu'on laisse un certain temps, exposées à l'air libre sur le terrain pour compléter leur maturité. L'ail est ensuite mis en bottes qu'on suspend dans un lieu sec pour les conserver jusqu'au printemps de l'année suivante.

ARROCHE DES JARDINS.

Cette plante est connue sous les noms divers d'*Arroche blonde*, *Armol*, *Arrode*, *Arronse*, *Belle dame*, *Bonne dame*, *Erode*, *Follette* et *Prudefemme*. On la sème à la volée, très-clair, vers la fin de mars; on peut continuer à la semer successivement de mois en mois, jusqu'en septembre.

Après les semis, l'arroche ne demande aucun soin particulier de culture; il faut seulement éclaircir le plant, de manière à lui permettre de prendre un développement considérable.

Deux espèces d'arroche, l'une à *feuilles blondes*, l'autre à *feuilles rouges*, sont cultivées dans les potagers; toutes deux ont la propriété d'adoucir l'excès d'acidité de l'oseille : c'est leur principale destination. On peut aussi les manger seules, préparées comme les épinards.

GRAINES. — Dès que les premières graines sont parvenues à maturité, on coupe les tiges qu'on fait sécher à l'ombre ; elles ne conservent leurs propriétés germinatives que pendant un an.

ARTICHAUT.

L'artichaut ne peut être cultivé avec succès que dans un sol léger et profond, abondamment fumé ; il aime la chaleur ; l'humidité froide lui est très-contraire. On le multiplie au moyen des œilletons détachés des vieux pieds. On plante ces œilletons à 80 centimètres en tout sens, au mois d'avril, un peu plus tôt ou plus tard selon l'état de la température. Au moment de la mise en place, les extrémités des feuilles doivent être raccourcies. Pour utiliser le terrain pendant la croissance des artichauts, on plante une rangée de choux de Milan entre chaque ligne d'artichauts ; le sol est biné et arrosé selon le besoin. Dans une plantation faite en avril, le plus grand nombre des pieds donne ses têtes en automne de la même année ; tous portent abondamment au printemps de l'année suivante.

A l'approche des premières gelées, on coupe les tiges et l'on rogne l'extrémité des feuilles ; puis les artichauts sont fortement *buttés* en amoncelant la terre au pied de chaque touffe. Dans le midi de la France, le buttage suffit pour préserver les artichauts des atteintes du froid qu n'a jamais une grande intensité ; dans les départements du centre, il faut, pour les conserver, les couvrir en hiver avec du fumier ou des feuilles ; dans le nord enfin, il est plus prudent de lever les plantes en motte et de leur faire passer l'hiver dans une cave pour les mettre en place au printemps.

Dans le courant du mois de mars, dès que les gelées ne sont plus à redouter, on démonte les buttes des artichauts et l'on donne au sol un bon labour. Un mois plus tard, en avril, on réserve l'œilleton le plus vigoureux de chaque touffe et l'on supprime les autres. Une plantation d'artichauts bien entretenue dans un sol favorable, peut rester productive pendant quatre ans.

On cultive plusieurs variétés d'artichauts,

parmi lesquels le *Camus de Bretagne* et le *gros vert de Laon* sont les plus estimés.

ASPERGES.

Pour qu'une plantation d'asperges donne de beaux et d'abondants produits, et qu'elle se maintienne longtems en plein rapport, il faut qu'elle soit établie dans un sol profond et de bonne qualité. Après avoir fait choix de l'emplacement, on le divise par planches d'un mètre de large, séparées les unes des autres par des sentiers. On enlève la terre superficielle de toute la première planche, à la profondeur d'un fer de bêche ; cette terre est déposée sur la seconde planche ; la première est devenue un fossé de 25 centimètres de profondeur. On continue l'opération en creusant la troisième planche, puis la cinquième, et ainsi de suite, en réservant entre chaque planche creusée une planche intacte sur laquelle on dépose la terre provenant de la fouille ; une partie de cette terre servira plus tard à recharger les planches d'asperges.

Si le sous-sol est formé d'une terre argileuse ou d'une terre glaise imperméable, il faudrait augmenter la profondeur de la fosse, et remplacer une partie de la terre argileuse enlevée, par une couche de platras ou de sable, afin d'assurer le facile écoulement des eaux surabondantes. Au mois de mars, après avoir fumé largement et bien égalisé au râteau la terre du fond des fosses, ou y trace trois lignes parallèles, une de chaque côté, à 20 centimètres du bord, la troisième au milieu de l'intervalle entre les deux premières. Les fosses ainsi disposées, on sème immédiatement les graines d'asperges en place. On peut aussi, ce qui est de beaucoup préférable, mettre en place des griffes de deux ans obtenues de semis, et élevées en pépinières; elles doivent être arrachées avec beaucoup de précautions. Elles sont plantées à 40 ou 50 centimètres de distance les unes des autres sur les lignes tracées dans la fosse; après avoir soigneusement étendu les racines et les *doigts*, ou divisions des griffes, dans tous les sens, on les recouvre d'environ 10 centimètres de terre.

Dans quelques communes des environs de Paris, on suit une méthode différente pour les plantations d'asperges; on cultive cette plante sur un seul rang, les griffes étant à 50 centimètres les unes des autres. Les fosses ont comme ci-dessus, 25 centimètres de profondeur ; mais elles n'ont que 35 centimètres de large. La terre entre chaque fosse est relevée en billon dont les pentes latérales n'ont pas moins de 80 centimètres de chaque côté. La plantation s'effectue du reste comme dans les fosses larges d'un mètre, en ce qui concerne la fumure et la distance des griffes d'asperges entre elles dans les lignes.

Si l'on sème des graines d'asperges au lieu de planter des griffes, ce qui offre l'inconvénient de retarder d'un an ou deux la récolte des premiers produits, on dispose les graines dans les lignes à la même distance que les griffes ; on les recouvre seulement de deux ou trois centimètres de terre. Quel que soit le mode de plantation adopté, les soins ultérieurs de culture sont les mêmes. Dans le courant de l'été, on donne, au sol des fosses, plusieurs binages afin de détruire la mauvaise herbe à mesure qu'elle se produit ; dans la première quinzaine de novembre, toutes les tiges des jeunes asperges sont coupées au niveau du sol ; on enlève alors, avec la houe, la superficie de la terre des fosses à quelques centimètres seulement d'épaisseur ; la terre ainsi déplacée est disposée sur les planches entre les fosses d'asperges. Ces planches, après avoir été pendant la belle saison occupées par diverses cultures potagères annuelles, doivent se trouver vacantes au mois de novembre.

Dans le courant de l'hiver, avant l'arrivée des gelées sérieuses, on étend sur les asperges une bonne couche de fumier gras. Au printemps, après avoir donné un binage, on recharge les asperges de 4 à 5 centimètres de terre prise dans les planches qui les séparent. Cette opération fondamentale de la culture de l'asperge, doit être exécutée tous les ans à la même époque.

Lorsque la plantation a été faite avec des griffes de deux ans de semis, on peut, à la troisième pousse, commencer à couper les plus grosses asperges seulement. Les années suivantes, après s'être conformé aux soins de culture décrits ci-dessus, on coupe les asperges à mesure qu'elles commencent à paraître; la récolte se continue jusqu'au mois de juin. A cette époque, on cesse de couper les asperges, pour ne pas épuiser les griffes.

Les planches restées disponibles entre les planches d'asperges sont ensemencées en pois ou plantées en pommes de terre d'espèce précoce ; ces premiers produits étant récoltés, on peut encore y semer une récolte de betteraves qu'on arrache en novembre. Ces diverses récoltes doivent être suffisamment fumées pour ne pas fatiguer et appauvrir la couche de terre qui doit servir chaque année à recharger les asperges.

Deux espèces d'asperges sont communément cultivées ; l'une, dont les pointes sont vertes, est connue sous le nom d'*Asperge commune* ; l'autre, à pointes violettes, porte le nom d'*Asperge de Hollande*.

GRAINES. — Les graines d'asperges se récoltent à la fin de l'automne, quand les fruits ou baies sont parfaitement mûrs ; ils sont écrasés à la main, puis lavés à grande eau et séchés à l'ombre. Ces graines conservent leurs facultés germinatives pendant 2 ans.

AUBERGINE.

Cette plante, ainsi que le fruit en raison duquel elle est cultivée, est connue sous une foule de noms différents ; on la nomme aussi *Albergine, Ambergine, Beringine, Bringèle, Buhème, Marignan, Mayenne, Mélanzane, Mé-*

longène, Mérangène, Morelle comestible, OEuf végétal, Véringeane, Viédas. Dans le midi de la France, l'*Aubergine* est cultivée en pleine terre à l'air libre ; dans les départements du centre, elle ne peut l'être que sur couche.

On sème la graine d'aubergine en mars ou avril pour repiquer le plant en mai, en lignes sur le bord des couches à melons ; on la cultive aussi dans un sol léger sur des couches séparées, à l'exposition du midi. Les aubergines cultivées sur couche y donnent des fruits plus gros que ceux qu'elles donnent en pleine terre sous le climat méridional ; mais il leur faut des arrosements très-fréquents.

On cultive deux variétés d'aubergine, l'une à fruit rond, l'autre à fruit allongé.

GRAINES. — On réserve comme porte-graines les fruits d'aubergine qui mûrissent les premiers ; les graines récoltées parfaitement mûres conservent leurs facultés germinatives pendant deux ans.

BASILIC COMMUN.

On connait cette plante dans les potagers sous les noms de *Basilic cultivé, Basilic aux sauces, Basilic des cuisiniers, Grand Basilic,*

Herbe royale. Le basilic se sème sur couche dans le courant d'avril; le plant est repiqué, soit en pleine terre à l'exposition du midi, soit autour des couches à melons.

Le basilic est employé en assaisonnement, à l'état sec.

GRAINES. — On récolte les graines au mois de septembre; elles ne gardent leurs facultés germinatives que pendant un an.

BETTERAVES.

Bette commune. — La betterave demande une terre bien fumée, naturellement fertile et préparée par un labour profond. La graine se sème à la fin d'avril ou dans les premiers jours de mai, soit en lignes, soit à la volée, à raison de 30 à 40 grammes environ par are.

Lorsque le plant a pris 5 à 6 feuilles, on l'éclaircit de manière à ce que les betteraves se trouvent espacées à environ 35 centimètres les unes des autres en tout sens; elles ont besoin de recevoir plusieurs binages dans le courant de l'été. Les racines sont arrachées avant l'arrivée des premières gelées; on retranche les feuilles et l'on conserve les betteraves dans une cave saine, exempte d'humidité; elles peuvent s'y conserver jusqu'au mois de mai de l'année suivante. Dans le courant de l'hiver, on mange en salade les betteraves cuites au four, coupées par tranches et leurs jeunes pousses étiolées. On peut récolter, moyennant une culture suf- fisamment soignée, jusqu'à 600 kilogrammes de betteraves sur un terrain d'un are de su- perficie.

GRAINES. — Les racines de l'année précé- dente plantées au mois de mars, donnent des plantes dont la graine mûrit au mois de sep- tembre; cette graine conserve ses facultés germinatives pendant cinq ou six ans.

CARDON.

Cette plante porte les noms d'*Artichaut Syl- vestre, Carde, Cardon, Cardonnette, Chardon- nette* et *Chardonnerette.*

La terre favorable à la culture de l'artichaut convient également à la culture du cardon. On le multiplie de graines semées immédiate- ment en place au mois de mai.

Après avoir préparé le terrain par un bon labour, on trace, au milieu d'une planche d'un mètre 33 centimètres de large, une ligne sur laquelle on pratique à la bêche des trous espacés entre eux d'un mètre, qu'on remplit de bon terreau ; puis on y sème dans chaque deux ou trois graines de cardon. Lorsque le jeune plant est bien sorti, l'on réserve le pied le mieux venu ; les autres sont supprimés.

Pour tirer parti du terrain vacant pendant la croissance des cardons, on couvre le sol d'un bon paillis et l'on repique dans les intervalles de la laitue romaine ou de la chicorée. Les jeunes cardons profitent des arrosages que doivent recevoir ces salades ; lorsqu'elles ont été récoltées, on donne au sol un bon binage, et l'on a soin d'arroser fréquemment au pied les cardons pour favoriser leur développement.

Quand les cardons ont pris toute leur croissance, on doit les faire blanchir en les *buttant* (voir l'article *Céleri*) après avoir réuni les feuilles en un long faisceau au moyen de plusieurs liens de paille. Dans les marais de Paris, au lieu de butter les cardons pour les faire blanchir, on les entoure de litière longue assujétie par des liens de paille ; au bout d'environ trois semaines, les côtes des cardons devenues blanches peuvent être livrées à la consommation. On récolte les premiers cardons en octobre, et les autres successivement jusqu'aux fortes gelées.

Deux espèces de cardon sont cultivées, l'une épineuse, connue sous le nom de *Cardon de Tours*, l'autre, sans épines, nommée *Cardon d'Espagne.*

GRAINES. — On réserve pour porte-graines quelques pieds de cardon qui passent l'hiver en place moyennant un fort buttage et une couverture de litière ou de feuilles comme les artichauts. Ces pieds fleurissent l'été suivant; leur graine, mûre en septembre, conserve les facultés germinatives pendant 3 ou 4 ans.

CAROTTE.

Racine jaune, Racine rouge, Pastenade, Pastonade, Chirouis, Faux chervi, Girouille.

Il faut à la carotte, comme à tous les légumes dont les racines pénètrent profondement dans le sol, une terre préparée par de bons labours et fumée l'année précédente. Si cette condition n'a pu être remplie, on ne doit en tout cas donner au sol où la carotte doit être cultivée, que des engrais bien consommés.

Les premières carottes se sèment en février;

les semis se continuent successivement jusqu'en mai; ceux des espèces hâtives peuvent même se prolonger jusqu'en juillet. On sème, soit en lignes, soit à la volée, à raison de 40 à 50 grammes de graine par are. Comme les carottes se développent assez lentement pendant la première période de leur croissance, on peut, sans leur nuire, semer en même temps que la graine de carottes des graines de radis, de panais ou de laitues. On donne aux semis de carottes un léger hersage, puis on répand par-dessus un peu de terreau ou de bonne terre pulvérisée. Les semis veulent être fréquemment bassinés en cas de sécheresse, sans quoi les jeunes carottes à peine levées sont attaquées par de petites araignées (*Acarus*) qui les piquent, sucent leur sève et les font périr.

Le plant doit être éclairci de bonne heure pour laisser aux carottes l'espace nécessaire à leur croissance; on arrose aussi souvent qu'il est nécessaire pour que les carottes n'aient point à souffrir de la sécheresse.

Les carottes réservées pour la provision d'hiver sont arrachées en novembre. Après avoir coupé leur collet pour empêcher qu'elles

n'entrent en végétation, on les dépose dans
une cave ou dans un cellier à l'abri de la gelée. Les jardiniers maraîchers des environs de
Meaux emploient un autre procédé pour la
conservation de leurs carottes. Ils ouvrent une
tranchée d'un mètre de large sur environ 80
centimètres de profondeur ; les carottes y sont
déposées par lits et recouvertes d'une quantité
de paille suffisante pour que ni l'humidité ni
la gelée ne puissent les atteindre. Les carottes
s'y conservent facilement en bon état jusqu'au
mois de mai.

Quand la carotte est cultivée dans un sol
à la fois sain et léger, on peut se dispenser de
l'arracher en novembre. Une légère couverture de paille, pendant les gelées, la garantit
suffisamment contre le froid.

Un are de terre peut produire de 300 à 400
kilogrammes de carottes.

La culture a produit un grand nombre de
variétés de carottes, parmi lesquelles on peut
regarder comme les meilleures, quant à la
culture maraîchère, la *Courte hâtive de Hollande*, la *Rouge demi-longue*, la *Rouge longue*
et la *Jaune longue*.

GRAINE. — On réserve comme porte-graines

les carottes les plus parfaites de chaque espèce. Elles sont mises en jauge au mois de novembre, en ménageant avec soin le collet et les feuilles centrales ; pendant les gelées de l'hiver on les couvre de fumier sec ; au printemps, elles sont mises en place à environ 50 centimètres les unes des autres en tout sens.

Les ombelles ou *têtes* chargées de graines se récoltent successivement à mesure qu'elles mûrissent, depuis le milieu du mois d'août jusqu'à la fin de l'automne; elles conservent leurs facultés germinatives de 3 à 5 ans; la durée de leur conservation dépend de l'état plus ou moins parfait de leur maturité à l'époque de la récolte.

CÉLERI CULTIVÉ.

Le céleri cultivé est une variété du persil des marais connu dans les parties de la France où il croît à l'état sauvage, sous les noms d'*Ache*, *Ache d'eau*, *Ache des marais*, *Ache douce* et *Bonne herbe*.

La graine de céleri se sème en avril et mai, en pleine terre, dans une situation ombragée; elle doit être très-légèrement recouverte, soit avec un peu de terreau, soit avec une mince

couche de paillis formé de fumier très-court
De fréquents bassinages sont nécessaires, soit
avant, soit après la levée du plant, qu'il faut
éclaircir de bonne heure lorsqu'il est levé trop
épais.

On prépare le terrain pour repiquer en place
le plant de céleri, en lui donnant un bon labour et le recouvrant d'un paillis sur toute son
étendue. On trace sur chaque planche d'un
mètre 33 centimètres de large ainsi disposée,
quatre lignes parallèles sur lesquelles le plant
de céleri est repiqué à la distance de 33 centimètres. Ce plant peut être mis en place dès
qu'il a 12 centimètres de hauteur.

Quand les pieds de céleri ont acquis assez
de force, on s'occupe de les faire *blanchir*,
afin qu'ils deviennent plus tendres. A cet
effet, on les lève en motte pour les planter
par rang, tous à côté les uns des autres,
dans une tranchée d'un mètre de large et
de 35 centimètres de profondeur. On arrose
largement pour faciliter la reprise; puis, dès
que le céleri recommence à pousser, après
avoir retranché les feuilles jaunies par suite de
la transplantation, on *coule* entre chaque rang
de céleri environ 15 centimètres de bonne terre

ou de terreau. Dans les jardins où le sol est argileux, le terreau doit être préféré à la terre pour le buttage du céleri. Après un intervalle de quinze jours, on achève de remplir les tranchées. S'il survient des gelées, on couvre le céleri avec de la paille qu'on déplace chaque fois que la température le permet. Le buttage du céleri peut aussi s'effectuer d'une autre manière, sans qu'il soit nécessaire de lui faire subir une seconde transplantation. On réunit, au moyen de quelques brins de paille les feuilles de chaque touffe qu'on entoure, pour la faire blanchir sur place, avec de la terre prise des deux côtés de la planche. On peut aussi, au moment de la plantation, repiquer le céleri en lignes à 1 mètre 33 centimètres l'une de l'autre. Lorsqu'il est assez avancé pour être blanchi, on ouvre dans les intervalles des tranchées de 60 centimètres de large sur 30 de profondeur; la terre prise dans ces tranchées sert à butter le céleri. Enfin, on plante aussi le céleri sur deux rangs au fond d'une fosse d'un mètre de large sur 20 à 25 centimètres de profondeur; le moment venu de le faire blanchir, on dispose de la terre de la fosse tenue en réserve pour cette destination.

Quel que soit celui de ces divers modes de plantation qu'on ait adopté, on ne peut en obtenir des côtes larges et tendres qu'en donnant au céleri beaucoup d'eau pendant le cours de sa croissance.

Trois variétés de céleri sont cultivées dans les potagers; ce sont le *céleri plein blanc*, le *gros céleri violet de Tours*, et le *céleri turc*, moins élevé que les autres; les côtes de cette dernière variété sont toujours les plus pleines.

CÉLERI-RAVE ou *Céleri-navet*. — On sème le céleri-rave sur couche au mois de mars; on le repique au mois de mai en pépinière; on le plante définitivement en juin à la place où il doit accomplir le cours de sa végétation.

Le céleri-rave demande encore plus d'eau que les autres espèces. Les maraîchers de Paris sont dans l'usage de supprimer, dans le courant de l'été, ses feuilles extérieures afin de favoriser le développement du tubercule. En Alsace, on retranche dans le même but toutes les racines latérales.

Le céleri-rave est bon à récolter vers le milieu de l'automne: s'il en reste quelques pieds en place à l'approche des premiers froids, ils doivent être arrachés et conservés dans une cave saine, à l'abri de la gelée.

Graine. — Les pieds de céleri réservés pour la production de la graine sont laissés sur place et fortement buttés pour les empêcher de geler pendant l'hiver. Les graines sont mûres en septembre; elles conservent leurs propriétés germinatives pendant 3 ou 4 ans.

CERFEUIL CULTIVÉ.

Le cerfeuil peut être semé presqu'à toutes les époques de l'année, sauf la saison la plus rigoureuse, soit en lignes, soit à la volée, dans les intervalles laissés vacants par d'autres cultures. Sous l'influence des chaleurs de l'été, il monte si promptement en graine, que, pour n'en pas manquer, il faut renouveler fréquemment les semis.

Graine. — La meilleure graine de cerfeuil est celle qu'on récolte sur les plantes provenant des semis d'automne; ces graines mûrissent vers la fin de juin; elles conservent leurs facultés germinatives pendant 3 ans.

CHAMPIGNONS.

Parmi les champignons qui croissent à

l'état sauvage, il en est plusieurs qu'on peut manger sans danger; tels sont en particulier les *Coulmelles*, les *Cebs*, les *Chanterelles*, les *Morilles* et les *Oronges* du midi de la France, mais pour se hasarder à les consommer, il faut être certain de les connaître parfaitement. Le plus prudent est de s'abstenir et de s'en tenir au *Champignon comestible* ou *Champignon cultivé*, connu sous les noms de *Champignon champêtre*, *Champignon de bruyère*, *Champignon des prés*, *Champignon de couches*.

Ce champignon croit spontanément sur les vielles couches et sur les tas de fumier. Pour en avoir à volonté l'on construit des couches avec du fumier de cheval, le seul qui produise des champignons en abondance; le fumier doit être bien pénétré d'urine.

En automne, les couches à champignons peuvent être établies à l'air libre; mais au printemps et en été elle doivent être formées de préférence dans un cellier, ou dans une cave. Qu'elle que soit l'époque de l'année à la qu'elle on opère, le fumier, avant de s'en servir pour monter la couche à champignons, doit être préalablement mis en tas.

Lorsqu'il a pris sa chaleur, on le retourne une première fois puis une seconde à huit ou dix jours d'intervalles; on à soin chaque fois de reporter au centre du tas, le fumier qui se trouvait précédemment sur les bords. S'il est trop sec, on l'humecte suffisamment pour favoriser la fermentation; après quoi, on le laisse en tas, jusqu'a ce qu'il ait donné toute sa chaleur; quand il a pris une couleur bleuâtre, qu'il est gras sans être humide, il est bon à mettre en *meule*, sorte de couches longues de 65 centimètres sur à peu près autant de hauteur, en formes de dos d'âne au sommet.

Au moment où l'on établit les meules, le fumier doit être mélangé de nouveau et foulé assez fortement pour qu'une fois construite, la couche ne subisse plus de tassement; quelques jours plus tard, on introduit le plant de champignon dans la couche. Cette opération, que l'on nomme *larder*, consiste à pratiquer de chaque côté de la couche des ouvertures dans lesquelles on introduit des morceaux de blanc, ordinairement larges de trois doigts et long de 8 à 10 centimètres. Aussitôt après, on a soin d'appuyer légèrement sur la couche pour mettre le blanc en contact parfait avec le fumier.

La couche est ensuite recouverte avec de la litière longue lorsque la culture des champignons se fait à l'extérieure; on peut s'en dispenser lorsqu'elle est établie dans un cellier ou dans une cave. Au bout de huit à dix jours, si l'on observe de petits filaments blancs qui commencent à s'étndre sur toute la surface de la couche, on enlève la couverture de litière et l'on pose sur la totalité de la superficie environ 3 centimètres de terre fine, qu'on appuie légèrement. Si l'on s'aperçoit que, dans quelques parties, le blanc de champignon n'est pas pris, on doit en remettre et attendre qu'il ait pris également partout pour couvrir la couche de terre, ce qu'à Paris on nomme *gopter* la couche; arrivé à ce point, il ne reste qu'à replacer la litière et à attendre que les champignons poussent pour les récolter.

En Lorraine, pour se procurer des champignons on ne construit pas de couches spéciales; on se contente de mettre le blanc dans des couches à melons; mais ce procédé ne réussit pas constamment.

BLANC DE CHAMPIGNON. — On nomme blanc de champignon des petits filaments blancs semblables à de la moisissure. On le trouve, dans le fumier amoncelé depuis longtemps, mais afin d'éviter toute erreur, et pour ne pas prendre *le blanc* d'une espèce vénéneuse, il est préférable de le récolter sur une meule déjà en rapport, où l'on n'aurait encore cueilli qu'une fois.

Placé dans un lieu sec, le blanc de champignon peut se conserver pendant 2 ans.

CHICORÉE SAUVAGE.

Chicorée amère, Cheveux de paysans, Ecoubettes.

La chicorée sauvage se sème depuis le mois d'avril jusqu'au mois de septembre. On la sème habituellement en lignes pour garnir le bord des allées du potager.

La première année, les feuilles naissantes sont mangées en salade; au printemps suivant, les racines sont rechargées d'une couche de terre épaisse de quelques centimètres, pour faire blanchir les feuilles qui, sans cette précaution, ne seraient pas assez tendres.

A l'approche des premiers froids, on peut arracher les racines des plantes de chicorée sauvage semées en avril. On les réunit par bottes qu'on plante à la cave, soit dans une couche sourde, soit tout simplement dans de la terre légère. Ces racines, dont la température douce qui règne dans la cave favorise la végétation, produisent de longues feuilles d'un blanc jaunâtre qu'on mange en salade; elles sont connues sous le nom vulgaire de *Barbe de Capucin.*

Par ce procédé, aussi simple que peu coûteux, chacun peut avoir chez soi de la salade mangeable pendant tout l'hiver.

Chicorées frisées. — Deux espèces de chicorée frisée sont cultivées dans les jardins potagers; ce sont la *Chicorée fine d'Italie*, qui se sème en avril et mai, et la *Chicorée de Meaux*, qui se sème en juin et juillet.

Dans le midi de la France on sème, sans inconvénient, la chicorée d'Italie en pleine terre; dans les départements du centre, il est nécessaire de la semer sur couche chaude, parce que, pour obtenir du plant de cette chicorée qui ne soit pas sujet à monter immédiatement au lieu de *pommer*, il faut que la graine lève dans le moins de temps possible.

La chicorée de Meaux peut toujours être semée en pleine terre à bonne exposition, parce qu'en juin et juillet, la terre est assez échauffée pour que, même dans le nord, on puisse se dispenser de semer sur couche. La graine ne doit être que légèrement recouverte; en cas de sécheresse, on arrose pour l'aider à lever.

Le sol destiné au repiquage des chicorées frisées, reçoit un bon labour, puis on le façonne en planches d'un mètre 33 centimètres de largeur, qu'on recouvre d'un paillis assez épais. Chaque planche reçoit six rangs de plant, en lignes, à 45 centimètres les uns des autres dans les lignes; on arrose immédiatement pour assurer le succès de la plantation. Lorsque les chicorées semblent avoir pris toute leur croissance, on réunit toutes les feuilles extérieures étalées sur le sol; on les attache avec un lien de paille pour les faire blanchir.

Les maraîchers des environs de Paris, afin d'éviter le travail du repiquage, sèment la chicorée de Meaux à la volée sur le terrain qui vient de porter une récolte d'oignon blanc, de choux ou de pommes de terre précoces. On les éclaircit pour qu'elles se trouvent convenablement espacées; elles sont attachées, plus tard, comme les chicorées repiquées.

On cultive dans les jardins maraîchers, outre les chicorées d'Italie et de Meaux, une espèce de chicorée à larges feuilles, nommée *Scarole*; sa culture est exactement la même que celle de la chicorée de Meaux.

GRAINE. — La graine de chicorée sauvage se récolte sur des plantes de deux ans. On réserve pour porte-graines parmi les chicorées frisées, quelques-unes des plus belles touffes, choisies parmi celles qui ont été plantées les premières. Leur graine mûrit en septembre; elle conserve pendant 5 à 6 ans ses propriétés germinatives.

CHOUX.

Les choux, comme toutes les plantes qui prennent un très-grand développement, fatiguent la terre; on ne peut en espérer des récoltes satisfaisantes qu'en donnant au sol une fumure très-abondante.

Les choux admis dans la culture maraîchère sont classés en plusieurs races, subdivisées elles-mêmes en nombreuses variétés.

CHOUX POMMÉS OU CABUS. — Toutes les variétés de choux pommés peuvent être semées dans les premiers jours de septembre. Mais, pour qu'ils ne donnent pas tous leurs récoltes à la même époque, on ne sème en automne que les espèces hâtives connues sous les noms de *Chou d'York* et *Chou cœur de bœuf*. On repique le plant lorsqu'il a deux feuilles bien développées; pendant cette opération, il faut avoir soin d'éliminer les plantes plus vigoureuses que les autres et qui, souvent, sont dégénérées, et aussi toutes celles qui manquent de cœur c'est-à-dire de bourgeon ou d'œil terminal.

Si le sol qu'on destine à la culture des choux est plutôt léger que fort, on le prépare en lui donnant, vers la fin de novembre ou au commencement de décembre, un labour pour enterrer le fumier; si la terre est plutôt forte que légère, on n'enterre le fumier qu'en février et mars.

Sur chaque planche d'un mètre 33 centimètres de large, on trace quatre lignes parallèles, dans lesquelles les choux précoces sont plantés à 65 centimètres de distance les uns des autres. La plantation se fait au plantoir; il faut avoir soin d'enterrer le plant jusqu'aux premières feuilles; la portion de tige enterrée donne des racines latérales qui contribuent à la bonne végétation des choux. Les choux d'York et Cœur de bœuf sont bons à récolter en mai et juin.

Cette récolte est enlevée d'assez bonne heure pour qu'on puisse planter immédiatement après, des cardons, du céleri, des chicorées, de la laitue, de la Romaine, de la poirée à carde semée en avril, des potirons, des poireaux semés vers la fin de mars ; on peut également garnir le même terrain en y semant des carottes hâtives, des haricots ou des épinards.

On sème en avril, mai et juin, la graine des *Choux pommés de Saint-Denis*, *blanc de Bonnouil*, *de Vaugirard*, *Chou Quintal* et *Chou pommé rouge*. Environ un mois plus tard, le plant obtenu de semis est repiqué immédiatement en place, sans avoir besoin, comme celui des choux hâtifs, d'être repiqué en pépinière. Les choux pommés se plantent, soit sur les bords des carrés consacrés à d'autres cultures, soit par planches en lignes, mais beaucoup plus espacés que les choux hâtifs.

Dans les jardins potagers, les choux sont arrosés comme les autres légumes ; dans les grandes exploitations, ils ne reçoivent que des binages. En Alsace, les choux sont buttés à plusieurs reprises, ce qui donne à leur végétation une vigueur extraordinaire.

Les premiers choux pommés sont bons à

récolter en automne; on récolte les autres successivement en proportion des besoins, pour les
livrer à la consommation. Lorsqu'on prend
soin de les préserver des atteintes des fortes
gelées, plusieurs de ces choux, particulièrement
le chou de Vaugirard, se conservent en bon
état jusqu'en mars et avril de l'année suivante.

Chou de Milan, ou chou pommé frisé. Les
variétés dont la culture est le plus répandue
dans cette série de choux, sont le *Milan pied
court*, le *Pancalier de Touraine*, et le *Milan
des Vertus*. On sème ces choux au printemps,
de mars en juin. Le plant est bon à repiquer en
place immédiatement, un mois après que la
graine a été semée. Dans les cultures maraî-
chères des environs de Paris, on sème une
grande quantité de choux de Milan; le plant
provenant de ces semis, prend la place des
pommes de terre précoces, des pois, des oignons
blancs et des carottes hâtives, dès que ces divers produits ont été enlevés.

Les choux de cette série sont en général plus
tendres que les choux cabus; ils n'exigent
aucun soin particulier de culture; lorsqu'ils ne
sont qu'à demi-pommés, les fortes gelées ne
leur causent aucun dommage.

Le *Chou de Bruxelles*, également connu sous les nom de *Chou à jets* et de *Chou rosette*, est une variété du chou de Milan; il se cultive exactement de la même manière.

De tous les procédés indiqués pour préserver des effets de la gelée les diverses espèces de choux, le plus simple est celui que pratiquent les cultivateurs de la plaine Saint-Denis. Lorsque leurs choux sont complètement formés, ils les arrachent et les déposent sur le terrain, la tête en bas, la racine en l'air. Quand le temps se met à la gelée, ils ouvrent, avec une charrue, des sillons profonds dans lesquels ils placent les choux, ayant soin de garnir de terre leurs racines. Pendant les gelées sévères, ils couvrent de fumier long les choux ainsi disposés.

Dans le nord, où en raison de la rigueur des hivers, ces moyens de préservation pourraient être jugés insuffisants, au lieu de couvrir les choux pour les empêcher de geler, on peut les faire sécher au four comme on le fait en Russie. Ce procédé de conservation, perfectionné par M. Masson, consiste à préparer les choux, comme si l'on voulait en faire de la choucroute : après quoi, on les étend par couche

4

de peu d'épaisseur sur des claies que l'on place dans un four chauffé à 35 degrés environ. Quand on n'a pas de thermomètre pour juger de la chaleur du four, le plus prudent est de ne mettre les choux dans le four, qu'après avoir retiré le pain; autrement, ils pourraient brûler.

Le temps que les choux doivent rester dans le four ne pouvant pas être déterminé d'avance d'une manière exacte, on doit sortir les claies de temps en temps pour surveiller l'opération. Dès qu'ils sont aussi secs qu'ils doivent l'être, on les renferme dans un sac de toile, ou mieux, dans une caisse en bois de sapin hermétiquement fermée. Si l'on s'aperçoit que, malgré cette précaution, ils ont pris de l'humidité, il faut, sans perdre de temps, les passer au four une seconde fois; lorsqu'on les tient à l'abri des atteintes de l'air humide, ils peuvent se conserver plusieurs années.

Comme tous les légumes secs, les choux séchés au four doivent tremper quelques heures dans l'eau tiède avant de cuire; ayant perdu beaucoup de leur volume en séchant, il n'en faut qu'une petite quantité pour remplir un grand plat lorsqu'ils sont cuits.

On peut aussi, comme l'ont indiqué MM. Syl-
vestre et Alaine dans le tome II des *Annales de
la Société d'Horticulture de Seine-et-Oise*, arracher en automne, par un temps sec, les choux
qu'on se propose de conserver. On supprime
les plus grandes feuilles extérieures; puis,
quand ils sont suffisamment *ressuyés*, on les
suspend par les racines, la tête en bas, dans un
cellier, dans une grange ou sous un hangar;
ils s'y gardent facilement jusqu'en avril de
l'année suivante.

Lorsqu'on les détache pour les faire cuire,
ils paraissent mous et coriaces; mais après
avoir trempé pendant quelques heures dans
l'eau, ils reprennent leur bonne apparence
sans avoir rien perdu des qualités propres à
leur espèce.

CHOU VERT. — On cultive dans tout l'ouest
de la France sous les noms de *Chou vert*, *Chou
de Bretagne*, *Chou cavalier*, *Chou arbre*, un
grand chou à haute tige, qui ne forme pas de
pomme. La graine de ce chou semée en février
et mars, donne du plant bon à mettre en place
en mai et juin, à la distance d'un mètre
80 centimètres en tout sens. Bien que ce chou
soit le plus souvent cultivé pour la consom-

mation des bestiaux, on peut cependant en manger les feuilles en hiver, et les jeunes pousses au printemps. Un autre grand chou à feuilles rouges, connu sous le nom de *chou caulet de Flandres*, est cultivé pour les mêmes usages dans le nord de la France.

Deux espèces de choux qui ne pomment pas et dont on mange seulement les feuilles, sont cultivées aux environs de Paris ; ce sont le *Chou à grosses côtes* et le *Chou fraise de veau*. Leur graine se sème en mai et juin pour donner du plant bon à mettre en place en juillet et août. Le chou grosses côtes se récolte en automne ; le chou fraise de veau n'est livré à la consommation qu'au printemps ; il est insensible à la gelée.

Chou-rave ou *Chou de Siam*. La partie inférieure de la tige de ce chou, au-dessus du collet de la racine, est renflée en forme de boule charnue de laquelle sortent les feuilles : c'est la partie comestible de ce chou, celle en vue de laquelle il est cultivé.

On sème la graine de ce chou plusieurs fois dans le courant de l'été, en mai et juin. Le plant de semis, lorsqu'il est devenu assez fort, est mis en place à la distance de 40 centimètres en tout sens. Le chou-rave a besoin d'être butté pour qu'il soit tendre et de bonne qualité.

CHOU-NAVET. — Ce chou ne doit pas être confondu avec le précédent ; il en diffère par sa racine qui a la forme et la contexture charnue d'un gros navet. Deux espèces distinctes de chou-navet sont cultivées, l'une, dont la racine est blanche à l'intérieur, est connue sous le nom de *Chou-navet, Chou Turneps, Chou de Laponie ;* l'autre, qui porte le nom de *Rutabaga,* est cultivée sur une très-grande échelle pour l'élève du bétail, ce qui ne l'empêche pas d'être excellente pour l'homme. Ses racines, qui souvent deviennent énormes, ont la chair d'un jaune nankin à l'intérieur.

On sème la graine de chou-navet au mois de juillet, soit en pépinière pour avoir du plant bon à transplanter un mois plus tard, soit en lignes distantes entre elles de 50 à 60 centimètres, à raison de 20 grammes de graine pour un are de terrain.

Lorsqu'on a semé en lignes, le plant doit être éclairci de bonne heure pour n'en laisser subsister que trois sur un mètre de longueur dans les lignes ; on donne dans le courant de

la bonne saison plusieurs binages qui contribuent efficacement à faire grossir les racines.
Dans un sol favorable, ce chou peut donner
au delà de 400 kilogrammes de racines par are.

Ces choux résistent parfaitement aux gelées
des hivers ordinaires du climat européen; à
moins que le froid ne soit d'une rigueur excep-
tionnelle, ils peuvent impunément rester en
pleine terre; ils s'y conservent en bon état
jusqu'au printemps.

GRAINE. — Pour récolter de bonne graine
de choux, on fait choix des pieds les plus parfaits et les plus francs de chaque espèce. Après
avoir coupé les têtes pour les livrer à la consommation, on continue de soigner les tro-
gnons qu'on arrache pour les mettre en jauge
et les couvrir pendant les gelées, excepté ceux
des variétés qui n'ont rien à craindre de l'hiver. Au printemps, on les met en place en
ayant soin de les isoler de ceux de variétés
différentes pour éviter les croisements accidentels. Ils donnent en juillet et août de la graine
qu'il faut préserver des atteintes des oiseaux
qui en sont fort avides.

Chez quelques espèces délicates et tardives,
il est utile de supprimer par le pincement le

sommet des tiges lorsqu'elles commencent à fleurir, les fleurs des tiges latérales n'étant encore qu'en boutons ; par ce procédé, l'on obtient toute la floraison à la même époque ; la graine, qui dans ce cas mûrit tout à la fois, est toujours de meilleure qualité. Quant aux Choux-navets et aux Rutabagas, on réserve les plus belles racines, comme porte-graines. Leur graine, comme celle de tous les choux, conserve pendant 3 à 6 ans ses facultés germinatives.

CHOUFLEUR.

Un terrain fertile et de fréquents arrosements sont plus nécessaires au choufleur qu'à la plupart des autres plantes potagères. À moins qu'on ne dispose d'un sol naturellement frais, la culture du choufleur est du nombre de celles auxquelles il faut renoncer si l'on ne peut leur donner beaucoup d'eau.

Plusieurs variétés de choufleurs sont cultivées dans les jardins maraîchers ; elles diffèrent principalement entre elles quant à la précocité ; les choufleurs *tendres* sont les plus hâtifs ; ceux qui leur succèdent immédiatement sont nommés *demi-durs* ; ceux qu'on désigne sous le nom de *choufleurs durs* sont les plus tardifs. Il est assez difficile de formuler un conseil positif quant au choix à faire entre ces trois variétés ; on peut néanmoins faire remarquer, comme donnée générale, que les choufleurs tendres prospèrent dans les terres légères où ils réussissent mieux que les durs, et que, pour les demi-durs, ils viennent également bien à peu près partout.

SEMIS D'AUTOMNE. — Si l'on veut avoir au printemps du plant de choufleur bon à mettre en place, on doit semer la graine de choufleur hâtif en automne, dans la première quinzaine de septembre. Lorsque le plant a ses deux premières feuilles bien formées, il est bon à repiquer en pépinière dans une plate-bande à l'exposition du midi.

Sous le climat de Paris, où les hivers sont souvent assez rigoureux, le plant de choufleurs repiqué doit être couvert de châssis vitrés à l'approche des gelées auxquelles il ne résisterait pas sans abri. Quand le froid devient assez sévère pour que la protection des châssis ne soit plus suffisante, on y ajoute des paillassons, du fumier ou des feuilles ; mais de manière à pouvoir toujours, chaque fois que l'état de la température extérieure le permet, donner de l'air au plant, qui sans cela se trouverait trop *tendre*, trop dépourvu de consistance, au moment où il devrait être mis en place après l'hiver. Sous le climat plus doux des départements du centre, les châssis ne sont plus nécessaires; le plant de choufleurs n'a besoin que d'être protégé par des paillassons, soutenus par des gaulettes, que l'on enlève quand il ne gèle pas. Dans le midi de la France, le plant de choufleurs hâtifs obtenu de semis en automne ne demande pas, pour passer l'hiver, d'autres soins que ceux qu'on accorde aux choux pommés précoces.

Le terrain qu'on destine à la culture des choufleurs, après avoir reçu un bon labour dans le courant de mars, est divisé en planches d'un mètre 33 centimètres, sur chacune desquelles on trace trois lignes parallèles également espacées. Le plant y est mis en place à 65 centimètres de distance dans les lignes. Les choufleurs se plantent au plantoir, comme les autres choux, en ayant soin de les mettre en terre jusqu'aux premières feuilles. Un arrosage est nécessaire aussitôt après la plantation pour assurer la reprise du plant; à partir de ce mo-

ment, si l'on tient à récolter de beaux choufleurs, il faut, par de fréquents arrosements,
que le sol soit constamment frais. Pour que la
pomme du choufleur soit tendre et d'un beau
blanc, il faut, aussitôt qu'elle commence à se
former et qu'elle atteint le volume d'un œuf de
poule, la couvrir avec quelques feuilles inté-
rieures, afin qu'elle soit préservée du contact
de l'air et de la lumière.

Les maraîchers de Paris, pour ne pas laisser
inutile le terrain vacant dans les intervalles
des choufleurs pendant leur croissance, y
plantent de la laitue ou de la romaine, ou bien
ils y sèment des radis ou des épinards. Ces produits sont enlevés avant les choufleurs précoces
ou tendres; lorsque ces choufleurs ont été récoltés dans le courant de juin, ils plantent sur le
terrain devenu libre du céleri, des chicorées,
de la laitue, de la romaine, des poirées à
cardes, ou bien ils y sèment dès carottes hâtives, des haricots ou des épinards.

En Bretagne, où les choufleurs sont cultivés
très en grand, on sème la graine en avril; le
plant est mis en place vers le milieu de juillet;
les choufleurs sont récoltés en septembre, octobre et novembre.

Semis de printemps. — Dans les jardins potagers en terre forte, terre plus favorable que la terre légère à la culture du choufleur en été, on peut semer à bonne exposition la graine de choufleur à la fin d'avril ou dans les premiers jours de mai ; le plant de ces semis n'a pas besoin d'être repiqué en pépinière ; on le met immédiatement en place ; il succède, soit aux oignons blancs, soit aux carottes hâtives, soit aux premières chicorées.

Les soins de culture à donner à ces choufleurs sont les mêmes qu'à ceux qui ont été plantés au mois de mars ; ils ont seulement besoin plus que les autres que le sol soit couvert d'un bon paillis de fumier consommé, afin de prolonger le plus possible la durée de la fraîcheur résultant des arrosements. La laitue, la romaine et la chicorée peuvent être cultivées sans inconvénient dans les intervalles de cette plantation de choufleurs ; après la récolte, en juillet et août, il est encore temps de semer des épinards ou des mâches sur le terrain que les choufleurs ont occupé.

Semis d'été. — Lorsqu'on se propose d'avoir des choufleurs bons à récolter en automne, il faut semer la graine à une exposition om-

bragée, dans la première quinzaine de juin.
Le plant n'a pas besoin d'être repiqué en pépinière; on le repique immédiatement en place
dans le courant de juillet; la saison étant trop
avancée à cette époque pour que des laitues ou
des chicorées puissent être plantées avec avantage dans les intervalles des choufleurs, on y
sème des mâches ou des épinards.

Il est indispensable d'arroser largement les
choufleurs plantés en juillet au moment de
leur mise en place et les jours suivants, quel
que soit l'état de la température; car le succès
de cette culture, comme de celle des choufleurs
plantés à toute autre époque, dépend principalement de l'abondance des arrosements qui
doivent être surtout très-fréquents pendant les
premiers mois.

Les choufleurs plantés en juillet sont bons à
récolter en octobre et novembre, sous le climat de Paris; il est possible d'en conserver
jusqu'en février et même jusqu'en avril. On les
coupe à cet effet *le plus tard possible*, c'est-à-dire qu'on les laisse sur pied tant que l'état de
la température le permet. On fait choix pour
la récolte d'un temps bien sec; les choufleurs,
à mesure qu'ils sont coupés, sont suspendus la

tête en bas dans un local où la gelée ne puisse les atteindre. Les choufleurs ainsi conservés se dessèchent en partie et diminuent sensiblement de volume; la veille du jour où ils doivent être livrés à la consommation, on retranche horizontalement l'extrémité du trognon qu'on met tremper pendant quelques heures dans l'eau fraîche, en évitant soigneusement de mouiller la pomme. En peu de temps ils sont revenus à leur volume primitif sans avoir rien perdu de leurs qualités, telles qu'elles pouvaient exister au moment de la récolte.

CHOU BROCOLI, *chou de Malte.* — Le brocoli est une espèce de choufleur, dont on sème la graine en juin pour repiquer le plant immédiatement en place en juillet, comme celui des choufleurs semés à la même époque. Ils redoutent moins que les choufleurs les effets de la chaleur sèche; ils peuvent supporter d'assez fortes gelées. On leur laisse impunément passer l'hiver sans abri sous le climat brumeux de la Bretagne. Les maraîchers des environs de Paris sont dans l'usage de les relever en motte pour les replanter plus profondément à l'entrée de l'hiver; ils sont protégés par une couverture de fumier long pendant les fortes gelées. En

5

Alsace, on relève de même en motte les brocolis à l'approche des froids; ils sont alors plantés tout près les uns des autres dans une tranchée où leurs racines sont fortement chargées de terre; tant que durent les gelées sérieuses, on couvre les brocolis avec des paillassons.

Deux variétés de *Brocolis*, *l'une à pomme blanche*, *l'autre à pomme violette*, sont admises dans la culture maraîchère.

Graines. — On fait choix des plus belles pommes de choufleurs et de brocolis pour les planter comme porte-graines aux printemps; les meilleurs choufleurs pour cette destination sont toujours ceux qui proviennent de la première plantation. Ces choufleurs doivent être régulièrement arrosés jusqu'à l'époque où la graine approche de sa maturité; elle mûrit au mois d'août; elle conserve, comme celle de tous les choux, ses propriétés germinatives pendant 5 à 6 ans.

CIBOULE COMMUNE, *Ail fistuleux*.

La ciboule se sème à la volée à différentes reprises, depuis février jusqu'en juillet; pour protéger le jeune plant pendant les premiers temps de sa croissance, on sème en même temps que la graine de ciboule un peu de graine de radis; la graine de ciboule veut être très-peu recouverte; on se borne, au lieu de l'enterrer, à répandre un peu de terreau par-dessus; en cas de sécheresse, on arrose pour faciliter la levée.

La ciboule peut aussi se multiplier en divisant au printemps les touffes qui ont passé l'hiver. Les feuilles et les bulbes de la ciboule sont usitées en qualité d'assaisonnement.

GRAINES. — La ciboule est bisannuelle; la graine ne se récolte par conséquent que sur les plantes de deux ans; elle doit se garder dans les capsules; elle y conserve ses facultés germinatives pendant 3 ans.

CIVETTE.

Appétit, Ciboulette, Cives, fausse Echalotte.

Pour multiplier la civette, on détache aux mois de février et de mars les cayeux des anciennes touffes; on les met en place dans une situation ombragée. La plante n'exige plus aucun soin ultérieur de culture. En automne, on coupe la plante au niveau du sol et l'on recharge la touffe de quelques centimètres de terreau.

La civette s'emploie comme fourniture de salade.

CONCOMBRE.

Le concombre qui ne peut, dans les pays du nord, se cultiver que sur couche, comme les melons, réussit bien en pleine terre dans les départements du centre de la France.

Les graines se sèment en place au mois de mai dans des conditions différentes, selon la nature du sol. Dans les terres fortes, on ouvre un trou de 40 à 50 centimètres en tout sens qu'on remplit de bon fumier par-dessus lequel on replace la terre du trou. Il en résulte une légère éminence dont on aplatit le sommet pour semer au centre trois graines de concombre. Dans les terres légères, le trou ne doit pas avoir plus d'un fer de bêche en tout sens; la terre enlevée est remplacée par du terreau dans lequel on sème trois graines de concombre. Quelques jours après que les graines sont levées, la plus vigoureuse des trois jeunes plantes est seule réservée : on supprime les deux autres.

Quand le concombre a pris quatre ou cinq feuilles, on pince sa tige au sommet, au-dessus de la seconde feuille. Ce pincement provoque la naissance de deux branches latérales qui, lorsqu'elles sont à leur tour suffisamment développées, sont taillées au-dessus de leur quatrième ou cinquième feuilles. Toutes les branches qui naissent après la deuxième taille, sont également taillées plus tard à la même longueur. Alors, les fruits étant noués en nombre plus que suffisant, on fait choix des plus beaux et des mieux placés et l'on supprime le reste.

Dans les jardins au sol naturellement humide, il est utile de donner aux concombres des rames pour soutien, comme on en donne habituellement aux pois et aux haricots, afin que les fruits ne posent pas sur la terre.

On cultive généralement trois espèces de concombres, connues sous les noms de *Concombre blanc*, *Concombre vert long* et *Cornichon*. Ce dernier, plus rustique que les autres, n'a pas besoin d'être taillé. Ses fruits devant être cueillis presqu'aussitôt qu'ils sont noués, il importe que les branches de la plante s'allongent librement pour qu'elles portent le plus grand nombre possible de fruits. Du reste, la culture du concombre-cornichon est la même que celles des autres concombres.

GRAINES. — On laisse pourrir sur pied les fruits du concombre dont on se propose de récolter la graine; on lave les semences qu'on fait ensuite sécher à l'ombre; elles conservent pendant 6 à 8 ans leurs propriétés germinatives.

COURGES, *Citrouilles.*

Sous le climat de Paris, les graines de courges se sèment, soit au mois d'avril, sur couche, soit en place au mois de mai, dans des trous de 60 à 70 centimètres de diamètre et d'autant de profondeur remplis de bon fumier par-dessus lequel on étend une couche de terre de 20 centimètres d'épaisseur.

On laisse le plant se développer en pleine liberté. Quand les tiges des espèces à très-gros fruits ont atteint la longueur d'environ 2 mètres, on les *marcotte* en les assujettissant sur le sol où elles émettent des racines qui contribuent à leur vigoureuse végétation. Peu de plantes potagères sont aussi avides d'eau et exigent des arrosements aussi copieux que les citrouilles. Dès qu'une tige a noué un fruit bien formé et bien placé, qu'on juge à propos de conserver, on arrête cette tige en la taillant à deux ou

trois yeux au-dessus du fruit. On ne peut déterminer avec une précision rigoureuse le
nombre de fruits qui doit être laissé sur chaque
pied ; en général, plus le fruit de l'espèce adoptée est volumineux, plus ce nombre doit être
restreint ; aux environs de Paris, pour obtenir
des fruits réellement énormes, les maraîchers
ne conservent pas plus d'un fruit sur chaque
plante.

Les variétés de courges cultivées pour l'u-
sage alimentaire sont assez nombreuses ; toutes
se cultivent comme je viens de l'exposer. Les
plus estimées sont : le *gros Potiron jaune*, le
Potiron d'Espagne, le *Potiron de Corfou*, le *Gi-
raumon, turban ou bonnet turc*, la *Courge de
l'Ohio*, la *Courge à la moëlle* et la *Courge des
Patagons*.

Depuis une douzaine d'années, les jardiniers
maraîchers des environs de Paris préfèrent,
avec raison, aux variétés à fruit énorme, les
espèces à fruit comprimé qui, sous un moindre
volume, renferment autant et plus de substance
nutritive ; ces espèces n'ayant pas d'air à l'intérieur, se conservent beaucoup mieux que
les autres.

GRAINES. — Quand les fruits des diverses

espèces de courges sont livrés à la consommation, on réserve pour semence la graine de
ceux qui se montrent le plus francs d'espèce;
ces graines conservent leurs propriétés germinatives pendant 4 à 5 ans.

CRESSON ALÉNOIS.

Cresson des jardins, Passerage cultivé, Passerage,
Nasitor, Nascitar.

On peut semer la graine du cresson alénois
presqu'à toutes les époques de la belle saison
à l'exception des fortes chaleurs de l'été, pendant lesquelles la plante fleurit et porte graine,
pour ainsi dire, en sortant de terre. Il faut
semer peu de cette graine à la fois, quelle que
soit la saison, sauf à renouveler souvent les
semis; car cette plante est de toutes les plantes
potagères celle qui végète le plus rapidement.

Le cresson alénois est utilisé comme fourniture de salade.

GRAINES. — La meilleure graine de cresson
alénois est celle qu'on récolte sur les plantes
provenant des semis faits en automne; elle est
mûre au mois de juin; elle conserve ses propriétés germinatives pendant 5 ou 6 ans.

CRESSON DE FONTAINE.

Cailli, Cresson d'eau, Cresson de ruisseau,
la Santé du corps.

Le cresson de fontaine se rencontre fréquemment à l'état sauvage; il croît naturellement dans les eaux courantes peu rapides : il
suffit, pour en obtenir des récoltes abondantes,
de le débarrasser du voisinage incommode des
plantes sauvages qui gênent son développement. Le cresson de fontaine se multiplie très-
facilement; pour le propager dans les localités
favorables à sa croissance, où il n'en existe
pas, il ne faut qu'en repiquer de distance en
distance quelques tiges qui s'enracinent et s'é-
tendent en très-peu de temps.

Aux environs de Paris, où la consommation
du cresson de fontaine est très-étendue, cette
plante est cultivée dans des fosses disposées de
manière à pouvoir être submergées à volonté;
on plante le cresson dans le fond de ces fosses,
au mois d'août; l'opération consiste simplement à disposer à plat sur le sol des tiges de cresson, quinze jours plus tard, ces boutures faites
à plat étant suffisamment enracinées, on introduit dans les fosses 10 à 12 centimètres d'eau.

Des sources vives alimentent ces cresson-
nières artificielles; l'eau y est introduite par
l'une des extrémités de la fosse au moyen d'une
vanne qu'on lève plus ou moins selon le besoin.

CRESSON DE TERRE.

Cresson vivace, Cresson des jardins, Cresson des
vignes, Érésymum printanier, Roquette.

Le cresson vivace peut, au besoin, remplacer
le cresson de fontaine, dont il a tout à fait la
saveur, seulement avec un peu plus de piquant.
Cette plante se sème au printemps, soit en
lignes, soit à la volée; elle n'exige aucun soin
de culture; elle brave les plus fortes sécheresses. On la rencontre fréquemment à l'état
sauvage dans les lieux incultes élevés et secs.

ÉCHALOTTE, *Chalotte.*

L'échalotte produit un très-grand nombre
de cayeux qui servent à la multiplier; on les
plante en février et mars, à 8 ou 10 centimètres les uns des autres en tous sens, presqu'à
fleur de terre, afin d'éviter un excès d'humidité
que cette plante ne supporte pas. On fait choix
pour la plantation des cayeux les plus minces

et les plus allongés; ce sont ceux qui forment les meilleures bulbes.

L'échalotte ne réclame d'autres soins que quelques binages pendant l'été. On arrache les bulbes lorsque leurs feuilles se sont desséchées naturellement; c'est le signe le plus certain de leur maturité; les échalottes passent ensuite deux ou trois jours sur le sol, exposées au soleil avant d'être serrées dans un lieu sec pour les conserver.

L'échalotte est un assaisonnement à peu près indispensable dans la cuisine européenne.

ÉPINARDS.

Espinoches, grand Epinard, gros Epinard.

La graine d'épinards peut être semée depuis le mois de février jusqu'en octobre; mais les semis faits pendant les chaleurs de l'été ne peuvent donner de bons résultats; l'épinard semé à cette époque de l'année forme immédiatement sa tige florale, monte, et ne produit que peu de feuilles qui sont de qualité inférieure; c'est donc au printemps et en automne que les épinards peuvent être semés avec le plus d'avantage. On sème, soit en lignes, soit à la volée, en planches, à raison de 250 grammes de graine par are ; l'épinard se sème aussi dans les planches de pois, entre les lignes, et dans les intervalles des plantations de choux et de choufleurs. Mais, quelqu'emplacement qu'on choisisse pour semer les épinards, ils doivent toujours êtres semés clair si l'on veut en obtenir de belles feuilles. La semence est enterrée par un hersage pardessus lequel on répand une couche mince de fumier bien consommé pour tenir lieu de paillis. Un ou deux arrosements, au besoin, facilitent la levée des épinards. La récolte des feuilles se continue jusqu'à ce que les tiges commencent à monter.

Deux variétés principales d'épinards sont généralement cultivées, ce sont l'*Épinard de Hollande* et l'*Épinard d'Angleterre.*

GRAINES. — La meilleure graine d'épinard est celle qu'on récolte sur des plantes bisannuelles, semées en automne pour porter graine l'été suivant, au mois de juillet; elle conserve ses propriétés germinatives pendant 3 ans.

ESTRAGON.

Targon, Dragon, Herbe Dragon, Serpentine.

L'estragon se multiplie par la division ou l'*éclat* des anciennes touffes. Au printemps, les pieds séparés, munis de racines, sont plantés à bonne exposition. Pour les conserver, on coupe, à l'entrée de l'hiver, tiges et feuilles au niveau du sol, puis on les recouvre de plusieurs centimètres de terreau.

Les feuilles sont utilisées comme fourniture de salade; elles servent aussi comme assaisonnement pour le vinaigre de table, la moutarde et les cornichons.

FÈVE.

Fève de Marais, Fave, Favelotte, Gourgane.

Le tempérament de cette plante est si robuste qu'elle réussit à peu près dans tous les terrains. Dans le midi de la France, on sème les fèves en octobre; les hivers très-doux ne peuvent les endommager; dans les départements du nord, on les sème en avril, et dans ceux du centre en février ou en mars. Sous ce climat, il ne faudrait pas retarder cette semaille après le mois de mars ; autrement les jeunes pousses de la plante se trouveront, en été, en proie aux pucerons noirs dont il sera très-difficile de les délivrer. Cet insecte se multiplie avec une si prodigieuse rapidité, que si l'on ne prend soin d'enlever chaque jour le sommet des touffes qui en sont infectées, la plante entière ne tarde pas à périr d'épuisement.

Les fèves se sèment, soit en lignes, soit par touffes ; dans un cas comme dans l'autre, les plantes doivent être suffisamment espacées entre elles pour que l'air et la lumière y circulent librement, sans quoi les fleurs couleront et ne donneront aucun produit.

Pour utiliser le terrain dans les intervalles des lignes des fèves, on peut y semer des pois ou bien y planter des pommes de terre. On peut aussi, au lieu de former des planches entières de fèves, les semer en bordure autour des carrés de choux. Pour les semer en lignes, on ouvre des raies de 8 à 10 centimètres de profondeur ; les fèves y sont déposées à environ un décimètre les unes des autres. Lorsqu'on sème par touffes, on ouvre des trous à la houe, espacés entre eux de 30 à 35 centimètres les uns des autres ; on dépose dans chaque trou

4 ou 5 fèves qu'on recouvre très-légèrement; on ne doit pas employer plus de deux litres de semence par are. Quand les fèves sont bien levées, on donne un premier binage; alors seulement, on achève de remplir les trous.

Lorsque les fèves sont cultivées en terre légère, il est utile de leur donner un buttage qui donne aux plantes plus de vigueur. Dès que les fèves sont défleuries, on pince toutes les sommités, afin de forcer la sève à tourner au profit de la production des semences. Dans la culture maraîchère parisienne, l'on n'arrose pas habituellement les fèves; cependant, en cas de sècheresse très-prolongée, il serait avantageux de leur donner un peu d'eau de temps à autre, comme on le fait dans le midi de la France.

Les fèves qu'on se propose de consommer en hiver comme légume sec, ne doivent pas sècher sur pied; on les arrache dès que les cœurs commencent à noircir; elles restent sur le sol pendant 8 à 10 jours au bout desquels on les lie par petites bottes que l'on conserve, soit dans un grenier ou une grange, soit en meules comme les céréales.

Un are de terre de fertilité moyenne, dans

les circonstances ordinaires, produit de 25 à 30 litres de fèves sèches. Quand cette récolte est enlevée, on peut encore obtenir du même sol une récolte de navets.

En Hollande, où en raison de la longueur des hivers, on est privé de légumes frais beaucoup plus longtemps qu'en France, on sait conserver aux fèves pendant un an et même au delà, les qualités qui les font rechercher pendant leur primeur; le procédé mis en usage à cet effet est simple et peu coûteux. Les fèves sont récoltées au point où l'on est dans l'usage de les cueillir pour les manger en vert; on les écosse immédiatement, puis on les étend sur des plaques de tôle garnies de papier blanc, que l'on place dans un four chauffé, comme pour faire sécher les choux, à 35 degres environ. Quand leur dessication est complète, on les conserve dans une boîte de bois hermétiquement fermée. Toutes les espèces de fèves peuvent être soumises à ce procédé de conservation; mais celles dont le grain est petit sont généralement plus estimées que celles dont le grain est plus volumineux. De même que toutes les graines légumineuses qui se consomment en sec, les fèves séchées au four veulent être trempées pendant quelques heures dans l'eau avant de les faire cuire.

GRAINES.—Les fèves destinées à servir de semences sont prises parmi celles qu'on réserve pour les manger comme légume sec; lorsqu'on les laisse dans leurs cosses desséchées, elles y conservent pendant 5 ou 6 ans leurs propriétés germinatives.

FRAISIER.

Le fraisier se multiplie, soit par le semis des graines de ses fruits qui se sèment en mai et juin, soit par la plantation des filets ou coulants qui se plantent, soit au printemps, soit en automne. La multiplication par les filets est de beaucoup la plus usitée. Quelle que soit l'époque à laquelle le plant est mis en place, le sol doit être avant tout préparé par un bon labour et par une fumure abondante d'engrais bien consommé. Le sol est ensuite divisé par planches de 1 mètre 33 c. de large, sur lesquelles on trace quatre lignes s'il s'agit de planter du fraisier des Alpes des quatre saisons, et trois lignes seulement lorsqu'on se propose de planter des fraisiers des autres espèces à gros fruit. On plante dans les lignes le fraisier des Alpes, à la distance de 30 ou 40 centimètres, et tous les autres, à la distance de 40 à 50 centimètres.

Au printemps, après avoir donné un léger binage, on étend sur toutes les planches de fraisier un bon paillis pour maintenir la fraîcheur du sol et celle des arrosements qui ne doivent pas être ménagés au besoin. On supprime avec le plus grand soin les filets avant que leurs nœuds se soient enracinés ; c'est à quoi se borne la culture de la première année.

L'année suivante, on recharge la surface de la planche de quelques centimètres de terre, afin de *rechausser* les pieds des fraisiers ; ce rechargement doit être renouvelé tous les ans, si l'on veut que la production et la qualité du fruit se maintiennent à leur maximum, par suite de la plus grande vigueur des fraisiers.

En dépit de ces soins, les fraisiers sont épuisés au bout de deux ou trois ans, quatre ans au plus pour quelques espèces à gros fruit qui ne remontent pas, et qui ne produisent rien la première année de la plantation. On peut admettre en règle générale que les plantations de fraisiers doivent être renouvelées tous les deux ou trois ans pour les espèces remontantes et plus ou moins bifères, et tous les trois ou quatre ans pour les espèces non-remontantes.

Toutes les espèces de fraisiers peuvent être plantées en bordure le long des allées du potager; la meilleure pour cette destination est le fraisier *sans filets* ou *buisson de Gaillon*, variété de la fraise des Alpes qui ne produit pas de coulants.

GRAINES. — Pour récolter de bonne graine, on fait choix des plus belles fraises de chaque espèce, auxquelles on laisse atteindre leur entière maturité; alors on les écrase, puis on les lave pour séparer les semences. La graine du fraisier remontant des quatre saisons se récolte de préférence sur les fruits mûrs dans le mois d'octobre; ce fraisier étant le seul qui fleurisse et donne des fruits à cette époque de l'année, on s'assure par là qu'il ne peut pas y avoir eu de croisements accidentels avec les autres espèces, et l'on maintient le fraisier remontant dans toute sa pureté.

La graine de fraisier séchée après avoir été lavée, ne conserve que pendant un an ses propriétés germinatives.

HARICOTS.

Faseolus, Faverolle, Faviolle, Fayaux, Fayons, Fève, Fève à visage, Fève de mer, Fève teinte, Féverolle, Petite Fève, Pois anglais, Pois long, Pois de mai, Pois de mer.

Les haricots, pour donner des récoltes abondantes, veulent une terre fumée sans parcimonie, mais avec de l'engrais bien consommé et non pas avec du fumier long en fermentation. Les haricots sont semés dans le midi de la France vers la fin de mars, dans le nord, pendant la seconde quinzaine de mai, et dans les départements du centre, pendant la première quinzaine du même mois.

Sous le climat de Paris, on peut semer à bonne exposition dès les premiers jours de mai ; on peut aussi repiquer à la même époque en plein air, des haricots semés sur couche dans la seconde quinzaine d'avril ; mais, dans ce cas, il faut être suffisamment muni de cloches de verre ou de châssis vitrés pour préserver en cas de besoin les haricots repiqués des atteintes des gelées blanches très-fréquentes au printemps.

Dans le jardin potager, les haricots sont

principalement cultivés dans le but de manger leurs siliques fraîches comme haricots verts; les semis de haricots ayant cette destination, peuvent être continués successivement de quinze en quinze jours, depuis la première semaine du mois de mai jusqu'à la seconde semaine du mois d'août. Après l'enlèvement des récoltes de choux et de choufleurs plantés en mars, on peut semer des haricots sur l'emplacement qu'ils ont occupé; ce sont aussi des haricots qu'on sème pour remplacer les carottes précoces récoltées les premières.

Les haricots se sèment, soit en lignes, soit par touffes. Les semis en lignes sont préférables dans les terres humides et froides; les semis par touffes donnent de meilleurs résultats dans les terres légères et sèches. Pour les semis en lignes, on ouvre des raies peu profondes espacées entre elles de 30 à 40 centimètres; on y sème les haricots à 10 ou 12 centimètres les uns des autres, selon le développement que doit prendre l'espèce adoptée; pour les semis par touffes, on ouvre à la houe des trous espacés entre eux de 60 centimètres en tout sens, si l'on se propose d'y semer des haricots d'espèces naines. Quand le terrain est fertile, les

haricots à rames peuvent être semés par touffes à la distance de 90 centimètres et même d'un mètre, en déposant pour chaque touffe cinq à six semences; on emploie environ deux litres de semence par are.

Les semis étant faits selon les espèces, comme on vient de l'indiquer, on donne aux haricots un léger binage dès qu'ils sont bien levés, puis on donne les rames aux espèces qui en ont besoin. En Belgique, on forme une petite butte de terre mêlée de cendres au-dessus de chaque touffe de haricots à rames au moment où on les sème; les haricots sont disposés symétriquement en cercle au centre duquel on place une perche, sans attendre que les plantes soient sorties de terre. En France, on jette les semences dans les trous, sans symétrie; on les recouvre légèrement et l'on achève de combler les trous au moment où les haricots sont levés, lorsqu'ils reçoivent leur premier binage avant de leur donner des rames.

Dans les années chaudes et sèches, la prolongation des sécheresses expose les fleurs de haricot à couler; dans ce cas, s'il n'est pas possible de les arroser à fond, on peut toujours les bassiner, c'est-à-dire rafraîchir les plantes par un arrosage superficiel; cela suffit ordinairement pour prévenir la coulure.

Si l'on se propose de les récolter secs et de les consommer en hiver, il faut réserver pour cette destination les premiers semés pendant le courant du mois de mai. Sauf un petit nombre d'espèces hâtives, telles que le haricot nain de Hollande qui mûrit encore bien sa graine lorsqu'on le sème dans la première quinzaine de juin, les haricots semés à cette époque de l'année arrivent difficilement à parfaite maturité.

Quand les siliques ou *cosses* sont parfaitement sèches, les haricots doivent être arrachés; ils restent pendant quelques jours étendus sur le sol, après quoi ils sont liés par petites bottes et conservés au grenier pour être écossés ou battus à loisir. Dans quelques localités, on les conserve suspendus par paquets aux murs des habitations à l'extérieur.

Les haricots à rames, particulièrement le haricot de Soissons, le meilleur de tous, sont très-productifs; ils donnent souvent par are 40 litres de haricots secs. Les espèces naines rendent 20, 25 et jusqu'à 30 litres par are.

Le terrain rendu libre par une récolte de

haricots semés au mois de mai peut recevoir une plantation de choux de Milan ou de choufleurs dont on a semé la graine dans la première quinzaine de juin; on peut aussi utiliser ce terrain en y semant des pois à consommer en vert, des carottes hâtives, des chicorées frisées, des navets, des mâches et des épinards.

Les espèces naines, telles que le haricot nain de Hollande, le flageolet, le Bagnolet, le Soissons nain ou gros pied, sont les meilleures pour la récolte du haricot vert.

On cultive pour en manger le grain sec, le Soissons à rames, et le sabre à rames. On peut consommer à volonté, soit à l'état frais, un peu avant leur maturité, soit à l'état sec, les haricots mange-tout à rames, connu sous les noms de *Haricot-beurre Prédome*, *Prague rouge*, *Prague jaspé* ou *Haricot-chou*.

En Angleterre et en Belgique, on cultive, pour en manger les siliques en vert, plusieurs variétés de haricots sabre à siliques très-longues et très-larges qu'on divise en longs filets avant de les faire cuire.

On peut faire sécher au four les haricots verts comme les fèves, afin de pouvoir en manger toute l'année. On peut aussi, après les avoir épluchés et les avoir fait blanchir à l'eau bouillante, les conserver dans la saumure, à la manière de la choucroûte.

Graines. — On réserve pour semence les plus beaux d'entre les haricots destinés à être mangés à l'état sec; ces haricots, conservés dans leurs cosses, gardent pendant 4 ans leurs propriétés germinatives; hors de leurs cosses, ils ne conservent ces propriétés que pendant 2 ans.

LAITUES.

Toutes les laitues cultivées dans les jardins potagers se plaisent dans une terre douce, meuble et bien fumée. Elles sont comprises dans trois séries, dont la première renferme les laitues de printemps, la seconde les laitues d'été, et la troisième les laitues d'hiver.

Laitues de printemps. — Pour avoir une provision de plant de laitue bon à mettre en place au printemps, on sème au mois d'octobre la graine de *laitue Gotte* ou *laitue Gau*, et de *laitue Palatine*, aussi nommée *laitue rouge* et *jeune verte*. Dès que le plant a deux feuilles de plus que les cotylédons ou feuilles séminales, il est repiqué sous cloche à bonne exposition; chaque fois que la température extérieure le permet, on donne de l'air au plant pour le fortifier, en ayant soin de ne soulever les cloches que dans un sens opposé à la direction du vent régnant. Pendant les gelées, ces cloches sont couvertes de feuilles ou de fumier long que l'on enlève lorsque le soleil brille vers le milieu de la journée. Mais, avant de découvrir les cloches qui recouvrent le plant de laitue repiqué, il faut bien s'assurer que ce plant n'a pas été atteint sous les cloches par la gelée. S'il en était ainsi, l'impression brusque et directe des rayons solaires lui serait fatale; loin de le découvrir, il faudrait doubler la couverture des cloches, afin que le plant de laitue puisse dégeler par degrés.

Le plant ainsi conservé est mis en place au mois de mars à l'air libre; on trace à cet effet des lignes espacées entre elles à 33 centimètres: les laitues y sont plantées à 40 centimètres les unes des autres. Souvent, à cette époque de l'année, les nuits sont très-froides; les laitues plantées en mars à l'air libre n'ont pas beaucoup à en souffrir, pourvu qu'on ait soin de bien consulter l'état de l'atmosphère avant de les arroser, en cas de besoin, pendant le jour; un arrosement donné hors de propos, s'il est suivi d'une nuit froide, peut être cause de la perte de toute une plantation de laitues de printemps.

On sème à la même époque la laitue à couper; il est inutile de lui consacrer un terrain séparé; elle peut être semée dans les carrés de carottes, d'oignons et de salsifis.

Les *Romaines verte hâtive, blonde maraîchère* et *grise maraîchère*, se sèment en octobre comme les laitues de printemps; elles se repiquent et se cultivent exactement d'après les mêmes procédés.

LAITUES D'ÉTÉ. — Cette série comprend les *Laitues de Versailles, Blonde d'été, de Berlin, Batavia ou Laitue-chou, Grise ou Grosse brune paresseuse, Palatine* et *Sanguine ou Flagellée.* On peut commencer à semer les graines de ces laitues dans les premiers jours d'avril; on renouvelle ensuite les semis successivement tous les quinze jours, afin d'avoir du plant bon à repiquer pendant toute la saison. Ces laitues repiquées en planches à des distances variables, selon le volume qu'elles doivent acquérir, ont besoin d'arrosages plus fréquents qu'à toute autre époque de l'année.

Les *Romaines blonde maraîchère, grise maraîchère, Alphange et panachée*, se cultivent exactement comme les laitues d'été. De plus, il est nécessaire, lorsqu'elles ont pris toute leur croissance, de les lier avec un ou deux brins de paille pour les faire blanchir. Cette opération ne doit se faire que par un temps sec.

LAITUES D'HIVER. — Cette série comprend la *Laitue de la Passion*, la *Romaine verte d'hiver* et la *Romaine rouge d'hiver*. On sème la graine de ces laitues du 15 août au 15 septembre, plutôt ou plus tard, selon la nature et l'exposition du sol dont on dispose Le plant repiqué en octobre, à bonne exposition, résiste aux hivers ordinaires dans le climat de Paris, pourvu qu'on le préserve des fortes gelées et du contact de la neige, en le couvrant de paille qu'on déplace et qu'on remet selon le besoin.

GRAINES. — Afin que la graine ait le temps d'arriver à parfaite maturité, les laitues et les romaines destinées à servir de porte-graines, se sèment sur couche en février. Le plant est mis en place directement, aussitôt que la tem-

pérature le permet. La graine est bonne à récolter à la fin d'août ou au commencement de
septembre; elle conserve 3 ou 4 ans ses
propriétés germinatives.

LENTILLE CULTIVÉE.

Arousse, Arronfle.

La lentille se plaît particulièrement dans les
terres légères; lorqu'on la cultive dans une
terre forte, elle forme des tiges très-dévelop-
pées, mais qui ne portent pas de grain.

Dans le midi de la France, on sème la lentille en automne; dans les départements du
centre et dans ceux du nord, on ne peut la
semer qu'au printemps. Les semis se font en
lignes espacées entre elles de 30 à 40 centimètres, à raison d'un litre à un litre et demi de
semence par are. Les soins de culture se bornent
à un binage donné avant que les tiges commencent à se former.

On arrache les lentilles lorsque les tiges
sont à demi-desséchées. Après les avoir laissé
séjourner pendant quelques jours sur le sol,
on les lie par bottes pour les conserver, soit
en meules, soit dans un grenier. Un are de

terrain donne 12 à 15 litres de lentilles, quelquefois même jusqu'à 20 litres. Le sol laissé disponible par l'enlèvement de cette récolte, peut encore recevoir une semaille de navets.

Graines. — On réserve pour semence une partie des plus belles lentilles de la récolte; elles conservent leurs propriétés germinatives pendant 2 ans.

MACHE.

Doucette, Accroupie, Boursette, Blanchette, Blanquette, Chuquette, Clairette, Coquille, Gallinette, Herbe d'agneau, Herbe royale, Laitue de brebis, Orillette, Poule grasse, Salade de blé, Salade de chanoine, Salade royale, Salade verte.

La graine de mâche se sème à la volée, en septembre et octobre; la graine de cette plante étant très-fine, il n'en faut pas plus de 100 grammes par are; il n'en faut que la moitié de cette dose lorsqu'on ne sème pas la mâche dans un terrain qui lui soit exclusivement consacré, ce qui n'est pas toujours nécessaire, la consommation de ce produit du potager n'étant jamais fort étendue. Il suffit le plus souvent de répandre à la volée un peu de graine de mâche entre les choufleurs, les chicorées et les oignons blancs pour en récolter autant qu'il est nécessaire.

La semence est enterrée par un léger hersage; elle est ensuite arrosée selon le besoin, lorsque la mâche est cultivée seule; si elle accompagne d'autres cultures, la mâche profite des arrosages que ces cultures reçoivent. La graine de mâche, semée en septembre, donne des mâches bonnes à cueillir à la fin de l'automne et pendant tout l'hiver; celle qu'on sème en octobre ne donne ses produits qu'au printemps.

Deux espéces de mâche sont admises dans la culture maraîchère; l'une se nomme *Mâche de Hollande*, et l'autre *Mâche d'Italie* ou *Régence*.

GRAINES. — Les plantes provenant des semis d'automne fleurissent au printemps; leur graine est bonne à récolter au mois de juin; elle conserve ses propriétés germinatives pendant 6 à 8 ans.

MELONS.

Le melon est une plante beaucoup moins délicate que l'on n'est généralement disposé à le croire; il a seulement besoin d'un certain degré de chaleur souterraine; dans les pays où le soleil n'échauffe pas suffisamment la terre, le melon doit par conséquent être cultivé sur couche.

CULTURE DU MELON SUR COUCHE. — Les premiers melons peuvent être semés dès le mois de janvier; mais comme à cette époque cette culture exige, outre de grands frais, une habileté toute spéciale pour la faire réussir; ce n'est qu'au mois de mars que les melons peuvent être semés avec chances de succès, sous le climat du centre de la France.

Comme il est important que la chaleur se prolonge le plus longtemps possible dans la couche sur laquelle sont semées les graines de melon, quelques soins particuliers sont nécessaires pour la préparation de cette couche. On choisit, pour la construire, du fumier de cheval bien imbibé d'urine; on le mouille au degré convenable s'il ne semble pas suffisamment humide; on y ajoute un peu de vieux fumier ou une certaine quantité de feuilles. Ces précautions ont pour but d'empêcher le fumier de fermenter trop fort et trop vite, et d'en obtenir une chaleur aussi douce que possible. A défaut de fumier, on peut faire de bonnes couches avec des feuilles ou du marc de raisin. On donne à la couche la forme d'un carré de 65 centimètres de côté; à mesure qu'on la monte, elle doit être fortement comprimée sous les pieds. Lorsqu'elle a environ 65 centimètres de hauteur, on l'entoure d'un cadre ou *coffre* formé de quatre planches jointes à angle droit, sur lequel on pose un châssis vitré.

La surface supérieure de la couche est alors garnie d'un mélange de terreau et de bonne terre de jardin, d'une épaisseur d'un décimètre; c'est dans cette terre qu'on sème les graines de melon, sous châssis. Ces graines doivent être semées au centre de la couche, afin qu'elles profitent le plus complétement possible de sa chaleur qui ne doit pas dépasser 35 degrés centigrades. Tant que les graines ne sont pas levées, on tient le châssis couvert de paillassons qu'on enlève quand le plant est bien sorti de terre. On donne aussitôt un peu d'air en soulevant le châssis pendant les heures les plus chaudes de la journée; cette aération est continuée pendant les jours suivants, afin d'empêcher le plant de s'étioler. Lorque les cotylédons ou feuilles séminales sont bien développées, le plant de melons doit être repiqué, soit sur la couche qui a servi à faire le semis, si elle a conservé assez de chaleur, soit sur une couche nouvelle disposée comme la première pour le recevoir. On l'y repique à 12 centimètres en tous sens ; il est important que, soit dans les pots, soit sur la couche, le plant, au moment du repiquage, soit enterré jusqu'à la naissance des feuilles séminales.

Aussitôt après le repiquage, pour faciliter la reprise du plant, on couvre le châssis d'un paillis de fumier court ; cette précaution n'est nécessaire que quand le plant se fane après sa mise en place. Au bout de quelques jours, on tient la couche découverte toute la journée, et l'on donne un peu d'air chaque fois que la température extérieure le permet.

Lorsqu'on a employé de bon fumier pour monter la couche, et qu'elle a été bien construite, c'est-à-dire soigneusement mélangée et mouillée au degré convenable, le plant de melons, placé dans de bonnes conditions, a ses premières feuilles larges et d'un beau vert. Si ces feuilles sont au contraire faibles et jaunes, il faut réchauffer la couche en l'entourant de fumier en fermentation ; non pas tout frais tiré

de l'écurie, mais ayant déjà dégagé une partie
des gaz à odeur ammoniacale qui s'en exhalent.
On ramène ainsi la chaleur dans la couche, et
le plant de melon reprend sa vigueur.

Première taille. — Quand le plant n'a
pas souffert, un mois après le semis des graines,
il est bon à mettre en place ; il doit aupara-
vant recevoir sa première taille ; elle consiste
à retrancher le sommet de la tige primitive au-
dessus de la seconde feuille.

La plantation définitive du melon à la place
où il doit croître, fleurir et fructifier, se fait sur
une nouvelle couche dont l'emplacement doit
avoir été déterminé huit ou dix jours d'avance.
Dans le nord de la France, il importe que cette
couche soit établie dans un lieu bien à l'abri
des vents froids et bien exposé au plein soleil.

On ouvre alors une tranchée de 65 centimètres de large sur 40 de profondeur ; on en
remplace la terre par du fumier préparé et
foulé comme celui de la couche sur laquelle
on a semé la graine de melons. Lorsque la
nouvelle couche a 75 centimètres d'épaisseur,
on frappe sur ses bords avec le revers de la
fourche, de manière à lui donner une forme
bombée. Cela fait, la surface de la couche est

garnie d'un mélange de terreau et de bonne terre d'une épaisseur de 20 à 25 centimètres, selon la force des racines des espèces adoptées. Alors, on établit sur le milieu de la couche une rangée de cloches sous lesquelles on plante les melons à 65 centimètres les uns des autres, dès que la température de la couche est au degré convenable, c'est-à-dire à 30 degrés centigrades. Aussitôt après la plantation définitive, on couvre la couche, et les cloches par conséquent, avec de la litière ou des paillassons. Cette couverture est enlevée au bout de trois ou quatre jours.

Dès qu'on reconnaît que les melons sont rentrés en végétation, on commence à leur donner un peu d'air en soulevant les cloches pendant le jour, pour finir par les enlever tout à fait quand les tiges se sont allongées de manière à ne pouvoir plus y être contenues. Il est indispensable que le temps soit beau et chaud le jour où l'on enlève définitivement les cloches; plutôt que de les enlever par un temps humide et pluvieux, il vaudrait mieux les laisser en place quelques jours de plus.

On voit que des soins assidus sont nécessaires pour élever le plant, monter la couche et

planter les melons dans les meilleures conditions ; il né faut pas moins d'attention pour la
taille et les arrosements que réclame ultérieu-
rement cette culture. Chacune de ces opérations doit être faite précisément en son temps;
les arrosements surtout, lorsqu'ils sont nécessaires, ne peuvent être retardés sans que ce
retard ne porte un grave préjudice à la
beauté des fruits.

On ne peut déterminer avec précision la
quantité d'eau qu'il convient de donner aux
melons; on doit les arroser dans la même proportion que les autres plantes potagères, mais
seulement par un temps chaud; quand le
temps est froid, l'excès de l'humidité peut cau-
ser la perte des melons.

DEUXIÈME TAILLE. L'effet de la première
taille, c'est-à-dire du retranchement de la tige
primitive de la plante, a été de faire développer deux tiges latérales en regard l'une de
l'autre. Lorsque ces tiges ont environ 33 centimètres de longueur, on les taille en retran-
chant leurs extrémités au-dessus de la troisième
ou de la quatrième feuille, selon la vigueur des
pieds.

TROISIÈME TAILLE. — Après la seconde taille,

7

on étend un bon paillis de fumier à demi-consommé sur toute la surface de la couche à melons, afin d'y maintenir une bonne fraîcheur
en prévenant l'évaporation. De nouvelles
branches ne tardent pas à se développer; on
a soin, à mesure qu'elles s'allongent, de les diriger de manière à empêcher qu'elles ne se
croisent les unes sur les autres. Quand elles
ont environ 33 centimètres de long, on les
taille uniformément au-dessus de leur troisième
feuille, sans s'embarrasser des fleurs qui peuvent être sacrifiées par cette taille. En effet, les
melons, à cette période de leur végétation, n'ont
pas encore acquis assez de vigueur; le fruit
que pourraient donner les fleurs supprimées à
la troisième taille serait très-inférieur à ceux
que les mêmes plantes produiront plus tard.

A près la troisieme taille, les nouvelles
branches dont cette opération a provoqué la
formation, doivent être l'objet d'une surveil-
lance assidue. Dès que l'une d'elles porte des
fruits bien noués, on choisit le mieux conformé, puis la branche est pincée à deux yeux au-
dessus du fruit; toutes les branches sont soumises à la même taille. Le fruit doit être garanti
de l'action directe des rayons solaires qui le ferait

durcir, en le couvrant au moyen des feuilles environnantes. On retranche immédiatement tous les autres fruits, afin que toute la sève profite aux melons réservés sur chaque branche. Quelquefois, un fruit d'une très-bonne forme au moment où il a été choisi, se déforme en grossissant ; il ne faut pas hésiter dans ce cas à le supprimer ; car un melon d'une forme défectueuse est rarement de bonne qualité. Lorsque le premier fruit est parvenu aux trois-quarts de sa grosseur, on peut, si la plante est vigoureuse, lui en laisser encore un ou deux autres, chaque pied ne devant pas porter plus de trois ou quatre fruits.

Les melons étant parvenus à ce point de leur développement, on doit s'abstenir de tout retranchement ultérieur qui pourrait, en arrêtant la sève, empêcher le fruit de grossir, ou le faire mûrir imparfaitement et prématurément.

Les principes qui viennent d'être exposés sont applicables à la culture du melon partout où elle peut être pratiquée ; dans le midi, la végétation étant plus vigoureuse qu'elle ne l'est dans le centre et dans le nord, on taille plus long et l'on peut laisser quelques fruits de plus sur chaque pied.

A moins que la température du printemps et de l'été ne soit très-défavorable, les melons semés en mars donnent des fruits bons à récolter en juillet et août. A partir du mois de mars, on peut continuer à semer successivement des melons jusqu'en mai.

Pendant la croissance des melons, les bords des couches peuvent être occupés par une ligne d'aubergines, de piments ou de laitues.

CULTURE DES MELONS SUR BUTTES. — A Honfleur, près de l'embouchure de la Seine, on cultive en grand les melons d'après une méthode particulière nommée *culture sur buttes*. On sème sur couche sous cloche ou sous châssis, dans la première quinzaine d'avril; sous un climat un peu plus méridional que celui de Honfleur, les melons pourraient être semés immédiatement en place. A la même époque, on ouvre sur le même terrain consacré à la culture des melons, des trous de 60 à 70 centimètres de diamètre sur 30 à 40 de profondeur. Ces trous doivent être espacés entre eux de 2 mèt. 30 centimètres en tout sens, en mesurant à partir du centre des trous. On les laisse ouverts pendant une huitaine de jours, au bout desquels on les remplit de fumier ou de bruyère.

On mélange ensuite la terre retirée des trous, avec partie égale de bon terreau ; puis on la dispose par-dessus le fumier, en tas de forme conique. Cinq à six jours avant la plantation, on place, sur ces cônes ou *buttes*, une cloche, afin que la terre puisse être bien échauffée par le soleil. Le plant, devenu bon à mettre en place, est levé en motte avec précaution ; on choisit, autant que possible, un temps doux et couvert ; on plante sur chaque butte un pied de melon, avec la précaution de bien l'enfoncer en terre jusqu'à la naissance des cotylédons. Aussitôt après la plantation, on procure au plant de melon l'ombre dont il a besoin sous la cloche, en posant près de lui une tuile verticalement, du côté du midi ; le sol est arrosé selon le besoin. Au bout de quelque temps, le plant étant bien établi dans sa nouvelle situation, on pince le sommet de la tige centrale. On ne doit commencer à donner un peu d'air que quand les branches latérales sont suffisamment développées.

Lorsque les cloches ne peuvent plus contenir les branches, on les soulève en posant leurs bords sur trois demi-briques, ce qui permet aux branches de s'allonger librement ; plus lard , quand la température le permet, les cloches sont définitivement enlevées. Avant d'ôter les cloches, on fume le terrain autour des buttes; cela fait, il n'y a plus à toucher aux melons. Si la température est favorable, les premiers fruits mûrissent dans la première quinzaine de juillet; les autres sont bons à récolter successivement jusqu'en octobre. Les cloches de verre, pour la culture des melons, peuvent être remplacées par des cloches en papier huilé. Ce genre de cloches qui ne coûte presque rien et que chacun peut faire soi-même, remplit très-bien la destination des cloches de verre quant à la culture des melons sur buttes.

Culture du melon en pleine terre. — Dans le midi de la France, les melons sont cultivés en pleine terre. Au mois d'avril, on les sème en place en lignes espacées entre elles d'un mètre 30 centimètres. Environ un mois plus tard, le plant est éclairci une première fois; il l'est une seconde fois quinze jours après, de sorte que les pieds conservés doivent se trouver à 45 ou 50 centimètres les uns des autres sur les lignes. Dans quelques localités seulement, on arrose les melons soumis à ce

genre de culture ; quand ils ont reçu la seconde
taille, on se borne à couper avec le tranchant
de la bêche toutes les branches qui s'allongent
au delà des bords de la planche. Malgré les
avantages du climat méridional, les melons
obtenus d'un mode de culture si défectueux,
sont le plus souvent fort inférieurs aux melons
de même espèce provenant de la culture in-
telligente et soignée des maraîchers des environs de Paris.

GRAINES. — On marque comme porte-
graines les fruits les mieux conformés de
chaque espèce de melons ; lorsqu'ils sont parvenus à leur complète maturité, on en recueille la graine qui conserve ses propriétés
germinatives pendant 10 à 12 ans et même au
delà.

MOUTARDE, *Sénevé cultivé.*

On cultive deux espèces de moutarde, l'une
à graine blanche, dont les feuilles se mangent
en salade, l'autre à graine noire, dont les semences servent à préparer l'assaisonnement
nommé moutarde. La moutarde pour être
mangée en salade se sème en rayon depuis les
premiers jours du printemps jusqu'en automne.

La moutarde peut être coupée comme le cresson alénois, peu de jours après qu'elle est levée, mais, comme elle durcit très-vite, il faut renouveler souvent les semis.

La moutarde est une des salades de printemps les plus usitées en Angleterre ; on la mange avec le cresson alénois et la petite laitue à couper.

GRAINES. Pour en récolter la graine, on sème la moutarde au printemps, à la volée, à raison de 30 grammes par are ; la graine est mûre vers la fin d'août, elle conserve sa faculté germinative pendant 4 à 5 ans.

NAVET, *Navau.*

Les premiers semis de navets se font en mai et juin ; ils se continuent successivement jusqu'en septembre. On sème à la volée à raison de 30 grammes par are. La graine doit être recouverte par un léger hersage ; elle lève en peu de jours ; il faut alors donner aux jeunes plantes des bassinages fréquents, moins pour favoriser leur croissance que pour les délivrer des atteintes de l'*altise*, aussi nommée tiquet ou puce de terre, insecte ennemi mortel du navet pendant la première période de sa croissance.

Les navets semés en été veulent de préférence une exposition ombragée. A défaut d'un emplacement disponible qui remplisse cette condition, on peut semer les navets en été dans les intervalles des touffes de haricots. Protégés par l'ombre des feuilles des haricots, les navets résistent mieux à la sécheresse et exigent moins de soins de culture que s'ils étaient semés isolément dans une situation découverte.

Quelques variétés de navets, peu sensibles au froid, pourraient à la rigueur, sous le climat de Paris, passer l'hiver en terre à la place où ils ont végété; mais il est toujours plus prudent de les arracher en automne et de les mettre *en jauge*. On peut aussi, comme le font les maraîchers des environs de Meaux, après avoir arraché les navets en automne, leur couper la tête et les déposer dans des fosses d'un mètre de large sur 80 centimètres de profondeur. On garnit de paille sèche le fond et les côtés des fosses et l'on en recouvre les navets à une épaisseur suffisante pour les préserver de la gelée; ils passent ainsi très-bien l'hiver.

Les espèces de navets qui conviennent le mieux aux terres légères sont les epèces à racine longue, notamment le *Navet hâtif des vertus*, le *rose du Palatinat*, le *Navet de Freneuse*, le *gris de Morigny* et le *Navet de Meaux*.

Les meilleurs navets à cultiver dans les terres plutôt fortes que légères, sont : le *Navet hâtif blanc* et *rouge*, le *rond de Croissy*, le *jaune de Hollande* et le *Turneps*, également désigné sous les noms de : *Rave*, *grosse Rave*, *Rave plate*, *Rabiolle* et *Rabioulle*.

GRAINES. — On plante au mois de février ou de mars comme porte-graines, les navets les plus beaux de chaque espèce, conservés sans retranchement de leur sommet, soit en place, soit en jauge. La graine mûrit en juin ; elle conserve ses propriétés germinatives pendant 5 à 6 ans.

OIGNON.

Ognon, Oignon de cuisine.

L'oignon ne doit être semé que sur un terrain fumé l'année précédente ; s'il est semé sur une fumure récente, il vient à la vérité fort gros, mais il ne se conserve pas. Plusieurs variétés d'oignon sont admises dans la culture maraîchère ; elles se sèment, soit en automne, soit au printemps, selon le climat plus ou moins méridional sous lequel elles sont cultivées.

OIGNON BLANC. — Sous le climat de Paris, on sème l'oignon blanc au mois de mars, immédiatement en place ; on peut aussi le semer dans la seconde quinzaine d'août, pour repiquer le plant en octobre dans les terres légères, et au mois de mars de l'année suivante dans les terres fortes. Quelle que soit l'époque à laquelle l'oignon est repiqué selon la nature du terrain, après avoir préparé le sol par un bon labour, on le divise en planches d'un mètre 33 centimètres de large, sur chacune desquelles on trace douze lignes parallèles Tout étant ainsi disposé, on arrache le plant avec précaution ; on retranche l'extrémité des racines et celle des feuilles les plus longues, pour faciliter la reprise, puis le plant est repiqué au plantoir, à 10 centimètres de distance dans les lignes.

Dans les planches d'oignon repiqué en automne, on peut répandre un peu de graine de mâche, dont la récolte se fait de bonne heure au printemps. Des binages et quelques arrosements quand le printemps est sec, sont les seuls soins de culture qu'exige l'oignon blanc qui est bon à récolter dès le mois de mai. Le terrain disponible par l'enlèvement de cette récolte peut recevoir une plantation de chou de Milan, de choufleurs semés dans les premiers jours de mai, de romaine et de chicorée ; on peut aussi l'utiliser en y semant des navets, des épinards ou des mâches.

Indépendamment des oignons blancs semés en automne, on plante, dans le midi de la France, à la fin d'août et au commencement de septembre, de gros oignons blancs dont on mange les caïeux. Les premiers se mangent en février, et la récolte se continue jusqu'à ce que les oignons commencent à former leur tige florale.

OIGNON JAUNE et OIGNON ROUGE. — Ces deux espèces d'oignon se sèment, aux environs de Paris, dans la seconde quinzaine de février ou dans la première quinzaine de mars. On emploie 150 grammes de graine par are ; on ajoute à cette quantité 30 grammes de graine de poireau par are, ou bien un peu de graine de laitue à couper.

On donne, aussitôt après les semis, un léger hersage pour mêler la graine à la terre, puis on répand par-dessus un peu de terreau fin pour la recouvrir très-légèrement. Dès que l'oignon est bien levé, on éclaircit le plant là où il se trouve trop épais. Ls oig nons reçoivent quelques binages dans le courant de l'été ; si la terre est légère et sèche, ils doivent aussi être arrosés pendant les fortes chaleurs. Les oignons sont récoltés à la fin d'août et au commencement de septembre ; les poireaux qui ont végété en même temps, continuent à occuper le terrain jusqu'à la fin de l'automne. Bien que ce mode de culture offre une grande économie de temps et de main-d'œuvre, on préfère dans beaucoup de localités semer les oignons jaune et rouge durant la seconde quinzaine d'août pour avoir du plant bon à repiquer en février et mars à 15 ou 20 centimètres de distance en tout sens. On prépare le plant au moment de le repiquer, comme je l'ai indiqué pour l'oignon blanc. En Bretagne, l'oignon est aussi repiqué ; mais, en raison du climat rude de ce pays, les semis se font seulement en janvier et février ; le plant n'est jamais repiqué qu'au mois de mai.

Une autre méthode est aussi usitée avec succès pour la culture de l'oignon par le repiquage ; voici en quoi elle consiste. On sème en mai ou juin l'oignon excessivement serré; on en obtient des milliers de très-petits oignons qui sont arrachés à la fin d'octobre ou au commencement de novembre. On les conserve au grenier, à l'abri de l'humidité pendant l'hiver; on les plante au mois de février à 15 ou 20 centimètres en tout sens. Les oignons ainsi cultivés deviennent ordinairement très-gros; ils sont bons à récolter en mai et juin.

OIGNON D'EGYPTE ou *Rocambole*. — On cultive sous le nom d'oignon d'Egypte ou Rocambole un oignon qui produit, au lieu de semences, des bulbilles ou petits oignons dont on se sert pour le multiplier. Ces bulbilles se plantent en mars, à la distance de 10 à 15 centimètres les uns des autres en tous sens. Chaque bulbille devient un gros oignon qu'on arrache quand les feuilles commencent à jaunir; on conserve ces oignons comme ceux des autres espèces. Au printemps, on en plante quelques-uns, choisis parmi les plus beaux; ils ne tardent pas à produire la provision de bulbilles nécessaire pour la plantation de l'année suivante.

OIGNON PATATE ou *Oignon pomme de terre*. — On cultive dans quelques localités cet oignon qui se recommande également par sa précocité et par l'abondance de ses produits. Il se multiplie par ses caïeux plantés en février, ou même plus tôt si l'état de la température le permet, à la distance de 30 à 40 centimètres les uns des autres. Durant le cours de leur végétation, ils doivent recevoir plusieurs buttages destinés à favoriser le développement des bulbes qui se forment en grand nombre autour de l'oignon-mère.

Les oignons, quelle que soit l'espèce adoptée, à quelque mode de culture qu'ils aient été soumis et à quelqu'époque de l'année qu'ils soient récoltés, doivent, après avoir été arrachés, rester pendant quelques jours sur le terrain pour achever de mûrir. Alors ils sont étalés sur le plancher d'un grenier, ou bien liés en longues bottes au moyen de leurs fanes tressées, et suspendus en cet état aux poutres du grenier.

Dans la plaine des Vertus, près de Paris, où l'oignon est cultivé très en grand, la récolte s'élève quelquefois à quatre hectolitres et demi par are.

GRAINES. — Les oignons les plus beaux de chaque espèce, mis à part comme porte-graines, sont plantés en février et mars. Les ombelles ou têtes chargées de graines sont coupées au mois d'août, liées en bottes et suspendues au grenier; la graine, conservée dans ses capsules, garde ses propriétés germinatives pendant 3 ans.

OSEILLE.

Oseille des prés, Oseille commune, Oseille longue, Aigrette, Surelle, Surette, Vinette.

L'oseille se multiplie, soit par la division ou l'*éclat* des vieilles touffes, soit par ses graines qu'on sème en lignes au printemps. La graine doit être très-peu enterrée; on la recouvre en répandant au-dessus un geu de terreau; le jeune plant a besoin d'être fréquemment bassiné. On commence à récolter les feuilles dès qu'elles sont assez développées; afin de n'en pas manquer, on arrose à fond, mais non pas toutes à la fois, les planches d'oseille dont les produits sont ainsi bons à cueillir successivement.

Une plantation d'oseille peut rester productive pendant un grand nombre d'années pourvu qu'elle reçoive les soins de culture nécessaires qui consistent principalement à lui donner un bon binage chaque année après la dernière coupe de feuilles de la belle saison, et à couvrir immédiatement les planches d'un paillis épais de fumier bien consommé.

Deux espèces d'oseille sont admises dans la culture maraîchère, l'une sous le nom d'*Oseille de Belleville*, l'autre sous celui d'*Oseille vierge*, qu'on lui a donné parce qu'elle ne produit pas de graines.

GRAINES. — On récolte la graine d'oseille au mois de juillet ; elle conserve ses propriétés germinatives pendant 3 ans.

PANAIS CULTIVÉ.

Grand Chervi cultivé, Pastenade blanche, Pastenaille blanche, Racine blanche.

Le sol qui convient au panais est le même que celui qui convient à la culture de la carotte, on peut même semer la carotte et le panais ensemble, dans la même planche. Le panais est insensible à la gelée ; il peut sans inconvénient passer l'hiver en terre et n'être arraché qu'au printemps.

GRAINES. — On plante au printemps, comme porte-graines, quelques-uns des plus beaux panais de la récolte précédente: la graine mûrit en septembre; elle ne conserve ses propriétés germinatives que pendant un an.

PATATE DOUCE.

Batate, Artichaut des Indes, Truffe douce.

Dans les terres du midi de la France exposées à de longues sécheresses, où la pomme de terre ne donne que des produits pour ainsi dire insignifiants, la culture de la patate douce remplace avec avantage celle de la pomme de terre; la patate douce résiste aux plus fortes chaleurs, et une fois qu'elle est bien enracinée, elle n'a pour ainsi dire rien à craindre de la sécheresse et peut se passer d'arrosements. Voici comment cette culture est conduite dans nos départements méridionaux.

Pour se procurer en temps utile le plant nécessaire, on plante en mars quelques tubercules de patate sur une couche ou dans un tas de terreau à bonne exposition; quand les germes sont suffisamment développés et pourvus de racines, on les détache pour les planter à un mètre les uns des autres en tous sens.

L'expérience de plusieurs années ayant démontré que la patate douce, plantée dans un sol profondément labouré, pousse de fortes et nombreuses racines, mais ne forme pas de tubercules, il faut, si l'on veut avoir des récoltes abondantes, garnir les trous de branches d'arbres placées toutes à côté les unes des autres, de manière à empêcher les racines de s'étendre. Après avoir rapporté la terre à laquelle on ajoute un peu d'engrais consommé, on plante une jeune pousse enracinée de patate douce au centre de chaque trou; elle doit être enterrée jusqu'à la naissance des feuilles. Après avoir arrosé pour faciliter la reprise, on jette sur la tige une poignée de litière ou d'herbe fraîche qui la garantit du soleil. On donne quelques binages avant le développement des branches, et plus tard, un ou plusieurs buttages successifs. Les tubercules sont arrachés dans le courant d'octobre; on doit prendre toutes les précautions possibles pour ne pas blesser les tubercules au moment de la récolte; car, une fois entamés, on ne peut les empêcher de pourrir en très-peu de temps.

D'après M. Gasparin, on peut récolter jusqu'à 300 kilogrammes de patate par are, plus

300 kilogrammes de tiges qui équivalent au triple de leur poids en foin ordinaire.

Aussitôt après la récolte, les tubercules sont déposés sur le plancher d'une chambre exempte d'humidité, puis on les couvre avec des balles de grains d'avoine ou de la mousse bien sèche.

Les procédés de culture qui viennent d'être exposés ne conviennent que dans la France méridionale. Pour cultiver avec succès la patate douce dans les départements du centre, il faut élever le plant sur couche et sous châssis quand toute crainte de retour de froids tardifs est entièrement dissipé; on fait des trous espacés comme ci-dessus, que l'on emplit de fumier; puis, on établit au-dessus, une butte formée de moitié terre et moitié fumier très-consommé, haute de 50 à 60 centimètres, dont on aplatit le sommet pour y planter la bouture de patate douce. Pendant leur végétation, les soins se bornent à les arroser toutes les fois qu'il en est besoin.

Vers la fin d'août ou au commencement de septembre, on trouvera des tubercules bons à être consommés; mais ce n'est que dans le courant d'octobre que l'on fait la récolte complète.

Au nord de la vallée de la Seine et de ses affluents, la patate douce ne peut plus être cultivée que sur couche, sur une échelle très-restreinte ; c'est même le genre de culture qu'on lui applique le plus souvent sous le climat de Paris. On les fait germer sur couche au printemps ; puis, on les repique et l'on en continue la culture sur d'autres couches semblables à celles où sont cultivés les melons. On cultive trois espèces de *Patates douces* à tubercules *rouges, jaunes et blancs.*

PERCEPIERRE.

Basilic maritime , Bacille , Crète maritime, Christe marine, Criste marine, Fenouil marin, Herbe de Saint-Pierre, Passe-pierre, Saxifrage sauvage, Saxifrage maritime.

La graine de cette plante se sème en septembre, aussitôt qu'elle est parvenue à maturité. L'emplacement qui lui convient le mieux est une platebande au pied d'un mur à l'exposition du levant ou du couchant. Dans le nord de la France, la plante doit être couverte pendant l'hiver. Ses feuilles se mangent comme hors-d'œuvre, confites dans le vinaigre.

PERSIL.

On sème le persil au printemps, soit en ligne comme bordure le long des allées du potager, soit en planches à la volée ; dans ce dernier cas, il doit être semé très-clair. A l'approche des gelées, on donne au persil une couverture de feuilles ou de litière, afin d'avoir toujours des feuilles fraiches à cueillir pendant l'hiver. Lorsqu'on n'a besoin que d'une petite quantité de persil, on plante en septembre ou octobre quelques fortes racines dans de grands pots qu'on rentre à l'abri de la gelée pendant la mauvaise saison ; leur végétation lente continue sans interruption.

GRAINES. — La graine de persil se récolte en septembre sur les plantes de semis de l'année précédente; elle conserve pendant 4 ou 5 ans ses propriétés germinatives.

PIMENT ANNUEL.

Carive, Corail des jardins, Courate, Herbe au corail, Mille graines, Poivre long, Poivre de Calicut, Poivre des paysans, Poivre de Guinée,

Poivre d'Inde, Poivre de Portugal, Poivre du Brésil, Poivron.

On sème le Piment, soit sur couche en mars, soit en avril dans du terreau, au pied d'un mur en plein midi. Le plant est repiqué au mois de mai, soit en pleine terre, toujours à une exposition méridionale, soit autour des couches principalement occupées par d'autres cultures.

Les fruits du piment sont confits au vinaigre et servent d'assaisonnement; on peut aussi les faire sécher, les réduire en poudre et les employer aux mêmes usages que le poivre.

GRAINES. — On réserve, pour en utiliser la graine, quelques-uns des plus beaux fruits; on n'en extrait les graines qu'au moment de s'en servir pour les semer.

PIMPRENELLE DES JARDINS.

Bipinelle, Petite pimprenelle, Thé de Sibérie.

On sème la pimprenelle, soit au printemps, soit en automne, en bordure le long des allées du potager. Les feuilles sont utilisées comme fourniture de salade.

GRAINES. — Le graine de pimprenelle se récolte sur les plantes semées en automne ; elle conserve pendant 3 ans ses propriétés germinatives.

POIRÉE BLONDE.

Bette ou Poirée commune.

On sème la graine de cette plante en lignes au mois de mai. Pour avoir les feuilles parfaitement tendres, il faut les couper très-souvent et donner à la plante des arrosements fréquents pendant la sécheresse.

POIRÉE A CARDES. *Bette à Cardes, Carde poirée, Asperges des pauvres.* On sème la graine de cette plante au mois de mai comme celles de la poirée blonde. Quand le plant est bon à mettre en place, on prépare pour le recevoir des planches de 1 mètre 33 c. de large, sur lesquelles on trace quatre lignes. Le plant de poirées est repiqué sur ces lignes à la distance de 40 centimètres. Tant qu'il ne pleut pas, on les arrose abondamment; on les couvre de litière pendant les gelées; on peut aussi les butter avec de la terre prise des deux côtés de la planche. Au printemps, on découvre les touffes et l'on commence la récolte des cardes qui se continue jusqu'au mois de mai.

Graines. — La graine de poirée se récolte en septembre sur le plant de semis de l'année précédente; elle conserve pendant 5 à 6 ans ses propriétés germinatives.

POIREAU.

Porreau, Poirée.

Le poireau, de même que l'oignon, vient mieux et donne des produits de meilleure qualité dans un terrain fumé l'année précédente que dans un sol qui vient d'être fumé. On sème la graine de poireau en février ou mars, soit seule, soit, comme on l'a vu plus haut, en mélange avec la graine d'oignon. Lorsqu'on la sème seule, on doit en employer deux hectogrammes par are. On mêle la graine à la terre par un léger hersage; on répand un peu de terreau par-dessus, et l'on arrose au besoin. Plus tard, on arrache successivement les plus gros poireaux, en ayant soin d'éclaircir le plant le plus régulièrement possible. Dans les localités au sol et au climat naturellement humides, on sème le plant de poireau sur couche; ailleurs, on sème en pleine terre, comme je viens de l'indiquer; mais, pour qu'il devienne plus long et plus blanc, au lieu de lui laisser acquérir en

8

place toute sa croissance, on le repique au mois de juin, en lignes, à 10 centimètres en tout sens; au moment de la plantation, on rogne l'extrémité des racines et celles des plus longues feuilles.

Dans le midi de la France, on est également dans l'usage de cultiver le poireau en le repiquant; mais, pour le forcer à blanchir, on laisse entre les lignes assez d'espace pour pouvoir y prendre de la terre et butter les poireaux.

Deux espèces de poireaux sont cultivées dans les jardins potagers; l'une est connue sous le nom de *Poireau long*, l'autre, sous celui de *Poireau court*.

GRAINES. — On laisse en place, comme porte-graines, quelques-uns des plus beaux poireaux; cette plante n'étant pas sensible au froid, les porte-graines montent au printemps de l'année suivante. Les ombelles chargées de graines se cueillent en septembre; on les suspend par bottes dans le grenier. Il faut choisir, pour détacher la graine des capsules, un temps de forte gelée; elle s'en separe plus facilement. Conservée dans ses capsules, elle y garde, pendant 3 ans, ses propriétés germinatives.

POIS CULTIVÉ.

Les jardiniers des environs de Paris, contrairement à l'opinion exprimée par quelques auteurs, sont dans l'usage de semer les pois sur une forte fumure, bien que les terres qu'ils cultivent soient, en général, très-fertiles. Les opinions sont cependant partagées quant à la question de savoir si le terrain destiné à la culture des pois doit être ou ne pas être fumé; mais tout le monde est d'accord sur sur un point, c'est que, pour avoir des récoltes abondantes de pois de bonne qualité, il faut éviter de les semer deux ans de suite dans le même terrain.

Dans le midi de la France, on sème les pois vers la fin de novembre; dans le nord, ils ne peuvent être semés qu'au mois d'avril. Dans les départements du centre, les premiers pois peuvent être, comme dans le midi, semés à la fin de novembre; mais, en raison de la différence de climat, on doit leur choisir une exposition méridionale. Souvent on les sème en novembre, entre les lignes des laitues de la passion plantées au pied d'un mur en plein midi. De nouveaux semis de pois précoces sont faits en février et mars; à partir de ce mois, on peut semer des pois tous les quinze jours jusqu'en juillet.

Deux séries de pois, l'une à rames, l'autre naine, sont admises dans la culture maraî- chère. Les pois des espèces naines se sèment en lignes; ceux des espèces à rames se sèment par touffes, comme les haricots.

Pour semer les pois en lignes, on ouvre des raies profondes de quelques centimètres, à 25 ou 30 centim. les unes des autres; on distribue les pois de semence dans ces raies le plus éga- lement possible. On sème les pois à raison de deux litres et demi par are. Si le sol est sec et léger, on le comprime par le piétinement, aussitôt après avoir semé les pois; on répand ensuite par-dessus quelque centimètres de terre. On donne aux pois un premier binage lorsque le plant a 10 à 15 centimètres de hauteur. Plus tard, on pince les sommités des tiges au- dessus de la troisième ou de la quatrième fleur, afin de hâter la formation du grain. Les pois doivent recevoir plusieurs binages pendant le cours de leur végétation.

Lorsqu'on désire avoir des pois bons à ré- colter de très-bonne heure, on peut semer des pois précoces sur une couche au mois de janvier ou dans les premiers jours de février pour les repiquer à bonne exposition à la fin de février ou dans les premiers jours de mars, dans des sillons assez profonds. Ce moyen, peu dispendieux, permet de récolter des pois verts longtemps avant l'époque où paraissent, sur les marchés, les pois des espèces hâtives semés en place en novembre et décembre.

Les soins de culture à donner aux pois à rames, sont les mêmes qui viennent d'être indiqués pour les pois nains. Les rames des pois doivent être placées comme celles des haricots, peu de temps après que les jeunes plantes sont sorties de terre, afin qu'elles trouvent immédiatement l'appui dont leurs tiges ont besoin.

Les pois dont on se propose de consommer les produits comme légume sec, sont arrachés ou coupés au mois de juillet, alors qu'ils ne sont plus tout à fait verts et ne sont pas encore entièrement secs. Ils doivent rester huit à dix jours sur le sol où l'on a soin de les retourner plusieurs fois avec précaution pour ne pas les égrainer. On les enlève alors pour les conserver, soit en meules, soit au grenier.

Les pois cultivés dans les terres légères ne donnent pas au delà de douze litres de pois secs par are; ils en donnent jusqu'à vingt quatre litres par are dans les terres fortes du département du Nord. Après l'enlèvement de la récolte des pois semés à l'entrée de l'hiver ou même au printemps en février et mars, le sol qui a donné cette récolte peut recevoir une plantation de choux de Milan, de choufleurs semés dans la première quinzaine de juin, ou de pommes de terre précoces; on peut aussi y semer des haricots à récolter en vert, des carottes hâtives, des chicorées, des mâches et des épinards.

Le *pois Michaux* commun ou *pois de Sainte-Catherine* est celui qui convient le mieux pour être semé en novembre. Le pois *Michaux de Hollande* est, à la vérité, plus hâtif, mais il passe difficilement l'hiver et ne doit être semé qu'au printemps.

Les pois à rames connus sous les noms de *Pois Marly*, *Pois d'Auvergne*, *Mange-tout*, *Corne de Bélier*, *Pois ridé*, *Pois gros vert normand*, doivent être semés au printemps, comme le *Pois Michaux de Hollande*. Le *Pois Clamart*, l'un des plus productifs, convient tout spécialement pour les semis de seconde saison.

En Hollande, on fait sécher au four les petits pois verts pour les consommer en hiver, par le procédé indiqué pour les choux, les fèves de marais et les haricots verts. On choisit pour cette destination des pois récoltés dans leur primeur ; ils sont étendus sur des plaques de tôle, et mis au four pour en opérer la dessication sous l'influence d'une chaleur douce. Conservés dans des caisses hermétiquement fermées, ils s'y maintiennent pendant un an et même au delà, sans rien perdre de la saveur de ce légume à l'état frais, récemment écossé.

GRAINES. — On récolte les pois destinés aux semailles sur les plantes provenant des pois semés en février et mars ; ceux qui proviennent de semis plus tardifs donnent rarement des graines parfaitement mûres. On les conserve dans leurs cosses ; ils y gardent leurs propriétés germinatives pendant 4 ou 5 ans.

POMME DE TERRE.

Parmentière, Morelle Parmentière, Patate de la Manche, Patate des jardins, Solanée,

Parmentière, Tartaufe, Tartufle, Trufelle, Crompire.

La pomme de terre vient à peu près partout ; elle n'exige pas pour réussir un sol d'une nature particulière ; on observe néanmoins que, dans les terres fortes, ses produits, quoique très-abondants, sont de moins bonne qualité que dans les terres plutôt légères que fortes.

La pomme de terre ne donne des récoltes abondantes que dans un sol largement fumé. Si l'on ne dispose pas d'une quantité d'engrais pour fumer tout le terrain consacré aux pommes de terre, il faut réserver celui qu'on leur destine, pour le déposer au fond de chaque trou au moment de la plantation.

Dans le midi de la France, les pommes de terre se plantent dès le mois de février ; dans les départements du centre, où les plante à partir de mars successivement jusqu'en juin dans le nord, on ne peut les planter qu'en avril.

Pour planter les pommes de terre dans les jardins, on ouvre à la houe des trous suffisamment larges et profonds, à 50 ou 60 centimètres les uns des autres en tout sens. On y plante, soit de petits tubercules, soit des morceaux de gros tubercules coupés, munis de plusieurs yeux. On plante le plus communément les pommes de terre à la profondeur de 15 centimètres seulement; cette profondeur doit varier selon la nature des terrains; dans les terres sèches, il faut planter les pommes de terre plus profondément que dans les terres humides. On emploie environ 12 à 15 litres de tubercules pour la plantation d'un are.

Les tubercules, au moment de la plantation, sont recouverts seulement d'un peu de terre; quand les tiges commencent à sortir et à s'allonger, on donne un premier binage pendant lequel on achève de combler les trous. Quelque temps après, quand les tiges ont une hauteur d'environ 15 centimètres, on procède à l'opération du *buttage*, qui consiste à relever la terre en forme de butte au pied de chaque touffe. Un second buttage est encore donné plus tard aux pommes de terre qui n'ont plus d'autres soins de culture à recevoir avant la récolte des tubercules.

Dans les bonnes terres bien cultivées, on peut récolter par are jusqu'à trois hectolitres de pommes de terre. Le sol qui a produit une récolte de pommes de terre hâtives, peut encore recevoir une plantation de choux de Milan ou de choufleurs semés pendant la première quinzaine de juin ; on peut également y semer des pois hâtifs, des carottes hâtives, des mâches ou des épinards.

La multiplication de la pomme de terre par le semis de ses graines a été conseillée depuis quelques années comme moyen de régénérer cette plante dont on attribuait la maladie à une dégénérescence causée par une longue production.

Le semis est un moyen d'amélioration et de perfectionnement qui ne doit pas être négligé, bien qu'il soit trop vrai que les nouvelles variétés de pommes de terre obtenues de semis n'aient pas été plus épargnées que les anciennes par la maladie.

La graine de pommes de terre se sème en mars et avril, soit en pleine terre, soit sur couches. Les semis en pleine terre se font en lignes, comme des semis de carottes ou de betteraves ; les semis sur couches donnent de bonne heure du plant qu'on repique en pleine terre à 40 ou 50 centimètres en tout sens. Les plantes reçoivent un léger buttage un peu plus tard. On récolte en automne des tubercules ordinairement très-petits; ils sont plantés l'année suivante dans les conditions ordinaires de la culture des pommes de terre; c'est seulement à la seconde récolte que leurs produits peuvent être jugés.

Les espèces les plus précoces ont été en général, depuis 1845, plus épargnées que les autres par la maladie; les meilleures, dans cette série, sont les pommes de terre *Kidney*, connue sous le nom de *Marjolaine*, la *Fine Hâtive* et la *Schaw*.

POURPIER DORÉ.

Porcelaine, Porcellane, Pourcellane, Pourcellaine.

La graine de pourpier peut être semée depuis le mois de mai successivement jusqu'au mois d'août. On sème très-clair à la volée; on répand un peu de terreau pour couvrir la graine; le sol doit recevoir de fréquents bassinages jusqu'à ce que le plant soit bien sorti. Les feuilles du pourpier se mangent en salade, ou cuites et préparées comme des épinards.

GRAINES. — Les graines de pourpier se récoltent en septembre et octobre; elles conservent pendant 5 ou 6 ans leurs propriétés germinatives.

RADIS.

Radis , Raifort cultivé , Ravonnet.

On peut semer des radis depuis le mois de mars jusqu'en automne ; il ne faut les semer en été que dans une situation ombragée et les arroser fréquemment. Quelle que soit l'époque à laquelle on sème des radis, il faut en semer peu à la fois si l'on tient à les manger tendres.

Lorsqu'il est nécessaire d'économiser le terrain, au lieu de semer les radis isolément, on les sème dans les intervalles vides sur les terrains occupés par d'autres cultures.

Cinq variétés de petits radis sont cultivées dans les jardins ; ce sont les *Radis rose*, *blanc*, *violet*, *gris* et *jaune*. Ce dernier est celui de tous qui conserve le mieux ses bonnes qualités pendant les chaleurs.

La petite rave longue rose, aussi tendre et d'aussi bon goût que le radis, se sème et se cultive de la même manière ; elle a été longtemps plus cultivée en France que le radis qu'on lui

préfère généralement aujourd'hui, sans motif
bien fondé. On possède trois variétés de petites
raves, *rose*, *violette* et *blanche*, toutes trois excel-
lentes.

RADIS NOIR D'HIVER. — *Gros radis, Raifort
cultivé, Raifort des Parisiens, Raifort officinal.*

On sème le radis noir au mois de juin ; il est
bon à récolter en automne. Ses racines se conservent tout l'hiver comme celles des autres
plantes potagères.

GRAINES. — On réserve pour porte-graines
des racines de la récolte de l'année précédente,
conservées en jauge pendant l'hiver. Les graines,
bonnes à récolter au mois d'août, conservent
leurs propriétés germinatives pendant 4 ou 5 ans

RAIPONCE.

*Bâton de Jacob, Cheveux d'évêque, Pied de
sautérelle, Petite raiponce de carême, Ram-
pon, Rave sauvage,*

La graine de raiponce se sème en juin et
juillet, très-clair, à la volée. Cette graine étant
excessivement fine, doit être mêlée à du sable
ou à de la terre sèche pulvérisée au moment où
on la sème ; sans cette précaution, les semis seraient trop épais et trop inégaux. La graine

est mélée à la terre par un léger hersage avec
les dents d'un rateau; mais elle ne doit point
être enterrée. On étend sur les planches ensemencées de cette graine, une couverture de litière qu'on enlève dès que les raiponces sont
levées. La germination des graines doit être fa-
vorisée par de fréquents bassinages.

On sème habituellement en même temps que
la graine de raiponce des épinards ou des radis qui laissent le sol libre d'assez bonne heure
pour ne pas nuire aux raiponces.

GRAINES. — La graine de salsifis se récolte
en juillet; elle conserve ses propriétés germina-
natives pendant 3 ans.

SALSIFIS CULTIVÉ.

Cersifix, Cersifis, Salsifis à feuilles de
Poireau.

Le salsifis se plaît dans un sol bien fumé, préparé par un labour profond. La graine se sème
au printemps, en mars ou avril, soit en lignes,
soit à la volée; on emploie 80 grammes de
graine par are. On donne après le semis un
hersage superficiel, puis on répand sur le terrain ensemencé une couverture de bon terreau.

En cas de sécheresse, on arrose pour faciliter la levée; plus tard, on éclaircit le plant s'il est trop épais. Les premiers salsifis sont bons à récolter vers le mois d'octobre: comme elles ne gèlent pas, ses racines peuvent passer l'hiver en terre et n'être arrachées qu'en proportion des besoins de la consommation, jusqu'à ce que les plantes forment leur tige florale pour se disposer à porter graine.

GRAINES. — La graine de salsifis se récolte sur les plantes de l'année précédente; elles ne conservent leurs propriétés germinatives que pendant un an.

SARIETTE DES JARDINS.

Herbe de Saint-Julien, Herbe à odeur, Sadrée, Savorée, Savourée.

On sème la sariette au printemps. Lorsqu'on en a semé une seule fois dans un jardin, elle s'y ressème d'elle-même, sans exiger aucun soin de culture, et s'y maintient à perpétuité. On emploie la sariette comme assaisonnement.

GRAINES. — La graine de sariette se récolte

en juillet et août; elle conserve ses propriétés germinatives pendant 4 ou 5 ans.

SCORSONÈRE D'ESPAGNE.

Cercifis, Corsionnaire, Écorce noire, Salsifis, Salsifix noir, Scorzonnère d'Espagne.

On sème le scorsonère au printemps, en mars et avril, à raison d'un hectogramme par are.

Cette plante réclame exactement les mêmes conditions de sol et les mêmes soins de culture que le salsifis, avec lequel elle offre la plus grande analogie.

Quand le scorsonère est cultivé dans un terrain fertile, ses racines peuvent être bonnes à récolter dès la première année; dans les terrains de qualité médiocre, ses produits doivent être attendus une année de plus. Dans ce cas, au lieu de semer au printemps, on retarde les semis jusqu'au mois d'août, afin que la plante occupe moins longtemps le terrain.

GRAINE. — Les scorsonères semés au printemps fleurissent et portent graine dans le courant de l'été; cette graine, récoltée sur des plantes trop jeunes et trop faibles, n'est pas de bonne qualité; on ne doit employer que celle qu'on recueille l'année suivante, sur des plantes de deux ans. La graine de scorsonère conserve ses propriétés germinatives pendant 2 ans.

TOMATE.

Pomme d'amour, Pomme d'or, Pomme du Pérou.

La graine des tomates se sème en mars, soit sur couches, soit dans du terreau, sur une plate-bande à bonne exposition. Le plant, lorsqu'il a 8 à 10 centimètres, est repiqué en pépinière avant d'être mis en place définitivement en pleine terre, à 80 centimètres en tout sens.

Quand la plante atteint la hauteur d'environ 40 centimètres, on lui donne pour tuteur un échalas auquel on attache ses deux principales branches en supprimant les autres. A mesure que ces branches s'allongent, on les fixe à leur tuteur par de nouveaux liens; lorsqu'elles ont environ un mètre, on pince leur extrémité supérieure pour favoriser la croissance des pousses inférieures qui sont aussi pincées à leur tour, quand elles sont suffisamment longues. Les tomates ne doivent être arrosées que modérément tant qu'elles ne portent pas de fruits; des arrosements trop abondants ne feraient que donner aux plantes un excès de vigueur improductive. Il faut au contraire arroser largement dès que les fruits sont noués.

GRAINES.— On fait choix de quelques-unes des plus belles tomates qu'on laisse pourrir après leur maturité. On les lave alors pour en séparer la graine qu'on fait sécher à l'ombre; elle conserve pendant 3 ou 4 ans ses propriétés germinatives.

RAIFORT SAUVAGE.

Cran de Bretagne, Cran des anglaises, Cranson rustique, Faux Raifort, Grand Raifort, Moutardelle. Moutarde des Allemands, Moutarde des Capucins, Moutarde des Moines, Radis de Cheval.

Dans certaines provinces on désigne improprement les raves et les radis sous le nom de raifort. Le raifort est une plante indigène que l'on multiplie de graines semées au printemps, ou mieux par des tronçons de racines, comme le font les cultivateurs de la plaine Saint-Denis qui se livrent à cette culture. On plante ses tronçons à l'automne; ensuite tous les soins se bornent a donner quelques binages, et la troisième année on fait la récolte des racines.

La racine, rapée fraîchement, remplace la moutarde en Allemagne et en Flandre.

GRAINES. Les graines sont bonnes à récolter en août, et elles se conservent pendant 2 ans.

TÉTRAGONE ÉTALÉE.

Tétragone cornue, Epinard d'été, Epinard cornu, Epinard de la Nouvelle-Zélande.

La tétragone peut très-bien remplacer l'épinard, surtout pendant l'été; elle peut le remplacer avec d'autant plus d'avantage qu'elle résiste aux plus fortes sécheresses.

Dans le midi de la France, on peut semer la tétragone en avril immédiatement en place; mais dans les départements du centre, on doit la semer sur couche comme les melons, après avoir fait tremper les graines; et, lorsqu'on ne craint plus les gelées, on repique le plant en pleine terre à environ 60 centimètres de distance en tous sens.

Dès que les tiges commencent à couvrir le

sol, on coupe les feuilles et l'extrémité des jeunes pousses et l'on continue successivement jusqu'aux gelées.

GRAINES. — Les graines mûrissent en septembre et octobre, et elles se conservent bonnes pendant 2 ans.

TOPINAMBOUR.

Artichaut de Canada, Artichaut de Jérusalem, Artichaut de terre, Poirée de terre, Soleil tubéreux, Soleil vivace, Tartifle.

Le topinambour croît sans culture et dans les plus mauvais terrains. Cependant planté en février, ou mieux en automne, et cultivé comme les pommes de terre, c'est-à-dire plantés en lignes assez espacées pour qu'on puisse les biner et les butter, il donne des produits considérables.

Les tubercules résistent parfaitement aux gelées, quelle que soit leur intensité; ce qui fait qu'on n'a pas à se préoccuper de leur conservation pendant l'hiver. Ils peuvent être mangés, préparés comme les pommes de terre, et les tiges données aux bestiaux, qui mangent également bien les tubercules.

Troisième partie

CALENDRIER

DE LA

CULTURE MARAICHÈRE.

Août.

En commençant l'année par le mois de janvier, comme on le fait ordinairement, on sépare les travaux d'automne de ceux du printemps avec lesquels ils sont intimement liés, puisqu'ils en sont la préparation nécessaire, et on laisse en arrière toute une série d'opérations entamées.

Au mois d'août, on fait les premiers semis, puis viennent naturellement les opérations qui en sont la conséquence ; et, à partir de ce moment, on continue successivement, pour ne terminer qu'en juillet. C'est pourquoi j'ai commencé mon calendrier par le mois d'août, que l'on peut considérer, comme le premier mois de l'année horticole.

Pendant ce mois, on donne les soins nécessaire aux semis et plantations qui ont eu lieu antérieurement, ce qui consiste en binage, sarclage et arrosements.

On commence à faire les premières meules à champignons en plein air, ce qui n'empêche pas d'en faire dans les caves.

On plante des choufleurs, de la chicorée et de la scarole sur les couches à melons.

On plante les oignons blancs pour graines. et on multiplie le cresson de fontaine par boutures.

On sème des carottes hâtives pour le printemps, des haricots pour manger en vert, des mâches pour l'automne, de l'oseille, des navets, du pourpier, des radis et du scorsonère.

Dans la seconde quinzaine, on sème de l'oignon blanc, pour repiquer en octobre dans les terres légères ; et au printemps seulement dans les terres fortes. On sème les laitues et les ro-

maines d'hiver, des épinards pour récolter en
automne ; puis de la Saint-Louis à la Notre-
Dame de septembre, c'est-à-dire du 25 août
au 30 septembre, on sème les choux d'York,
Cœur de bœuf et Pain de sucre. Vers la fin du
mois ou au commencement de septembre, on
récolte les oignons rouges et jaunes ; après les
avoir arrachés, on les laisse sur le terrain pendant une quinzaine de jours pour qu'ils achè-
vent de mûrir, après quoi on les dépose dans
un grenier.

Pendant ce mois, on récolte les graines de
carottes, cerfeuil, laitues, romaines, oignons,
panais, persil, poireau, radis..

Septembre.

Comme pendant ce mois la chaleur a di-
minué, les arrosements doivent être moins
fréquents et n'avoir lieu que le matin ou dans
le courant de la journée, car, à cause de la
fraîcheur des nuits, on doit cesser ceux du
soir.

On commence à faire blanchir des cardon
et du céleri, à lier des scaroles et de la chicorée.

On continue de faire des meules de champignons à l'air libre, et l'on plante des racines de persil dans des grands pots que l'on
rentre pendant l'hiver. Dans les premiers
jours du mois, on sème les choux d'York,
Cœur de bœuf et Pain de sucre, les laitues et
romaines d'hiver. On sème la graine de perce-
pierre aussitôt après la récolte, du cresson
alénois, des radis sur ados, des choufleurs pour
être repiqués plus tard en pépinière, de la
pimprenelle. On continue de semer du cerfeuil, de la chicorée sauvage, des mâches, des
épinards, des navets; dans la seconde quinzaine, on sème du poireau, et on repique les
choux, les laitues et les romaines d'hiver
semées vers la fin d'août.

Pendant ce mois, on récolte les graines de
betterave, cardon, choufleurs, céleri, chicorée,
arroche, pimprenelle, persil, poirée, poireau,
pourpier.

Octobre.

Dans les premiers jours de ce mois, on
peut encore semer du cerfeuil, du cresson
alénois, des épinards, des mâches, de la pim-

prenelle; on sème de la laitue petite noire et de la romaine verte hâtive; quinze jours après le semis on repique le plant sous cloche et sur ados. Vers le 15, on sème de la laitue palatine, et, vers la fin du mois, de la romaine blonde et grise, que l'on traite exactement de la même manière.

On continue de faire des meules à champignons à l'air libre.

Dans le midi de la France, on fait les premiers semis de fèves et de lentilles.

On divise les touffes d'oseille vierge, on plante les fraisiers, on plante des racines de persil dans de grands pots, que l'on rentre pendant l'hiver, on récolte les patates, on continue de faire blanchir des cardons, du céleri, de lier des scaroles et des chicorées.

On repique en pépinière les choux d'York, Cœur de bœuf et Pain de sucre semés en septembre, et vers la fin du mois, on repique dans les terres légères les oignons blancs semés en août.

Novembre.

On commence les labours, on coupe les vieilles tiges d'asperges, on enlève la su-

perficie de la terre des fosses, et l'on étend
une bonne couche de fumier gras sur le tout ;
il faut aussi donner un binage aux planches
d'oseille et les couvrir de fumier gras puis on
fait provision de fumier et de feuilles pour faire
des couches et préserver les plants de la rigueur du froid.

On fait les dernieres couches de champignons à l'air libre.

On achève de lier les chicorées et les scaroles, et l'on continue de faire blanchir de la
chicorée sauvage.

On récolte les choufleurs que l'on veut
conserver, ce qu'il ne faut faire que par un
temps bien sec.

On termine les plantations de fraisiers et
d'oignons blancs ; on coupe les montants d'artichauts et l'extrémité des feuilles, puis on les
butte, opération qui consiste à relever la terre
autour de chaque touffe.

On relève les brocolis en motte, pour les
préserver de la gelée ; on relève également
tous les choux et les légumes que l'on veut
conserver ; on les met en jauge, et à l'approche
des froids on les couvre avec des feuilles et de
la litière ; puis on les découvre toutes les fois

que la température le permet. Vers la fin du mois, on plante les choux d'York, Cœur de bœuf et Pain de sucre; on sème les premiers pois Michaux à bonne exposition, on peut semer de la laitue à couper à la volée parmi d'autres plantes.

On plante les racines de raifort et les premiers topinambours.

Décembre.

On continue les labours, et l'on termine la plantation des choux d'York, Cœur de bœuf et Pain de sucre; on enlève la superficie de la terre des fosses d'asperges, et on les fume, quand cette opération n'a pas été faite en novembre; on continue de faire blanchir de la chicorée sauvage, on plante les racines de raifort et les topinambours; puis, quand les froids ont suspendu tous les travaux de pleine terre, on transporte les fumiers sur tous les points où ils doivent être enterrés.

Quand le temps est doux, on découvre les artichauts pendant le jour; mais il est prudent de les recouvrir le soir, et, si la gelée augmente, on les couvre d'une plus grande quantité de feuilles ou de litière, si l'on craint de fortes gelées, il faut couvrir les planches de cerfeuil, d'épinards, de mâches, de poirée à carde, de perseil, d'oseille, avec de la litière ou des feuilles, et on les découvre toutes les fois que la température le permet.

Janvier.

Les travaux de pleine terre sont peu nombreux dans le courant de ce mois, cependant on peut continuer les labours, et, dans les départements du centre, on peut, vers la fin du mois, commencer à planter dans les terres légères de la romaine verte hâtive à bonne exposition; on peut aussi semer de la carotte hâtive, des poireaux, des oignons rouges et aunes.

Toutes les fois que la température le permet, on donne de l'air aux artichauts; mais il faut avoir soin de les recouvrir le soir. Pendant les gelées, on couvre les planches en culture avec de la litière ou des feuilles si la température n'a pas exigé qu'on le fît plutôt.

Février.

Pour ne pas être surpris, il faut terminer les labours et achever tous les travaux que la rigueur du froid a suspendus. On recharge les fosses d'asperge avec la terre que l'on avait enlevée en novembre ou décembre. On continue de planter de la romaine verte hâtive et des choufleurs à bonne exposition. On termine la plantation des choux et des oignons blancs semés en août.

On sème des carottes, des épinards, des radis, du cerfeuil, des oignons rouges et jaunes, du poireau, de la ciboule, des pois, des fèves, des lentilles, du persil, de la pimprenelle, des choux de Milan, et, vers la fin du mois, on sème de l'oignon blanc qu'on laisse en place. On plante les pommes de terre hâtives, les topinambours, les oignons patates, l'ail, les échalottes, la civette, l'estragon.

Mars.

Arrivé à cette époque de l'année, on peut confier à la terre toutes les graines potagères, toutefois en ayant soin de recouvrir les semis avec du terreau, afin de les mettre à l'abri des gelées printannières et du hâle.

On enlève la couverture des artichauts; on détruit les buttes et on laboure les planches; on plante les asperges, les pommes de terre, les fraisiers, les oignons rocamboles, l'ail, les échalottes, la civette, l'estragon, et tous les porte-graines conservés en jauge pendant l'hiver.

On plante des choufleurs, de la romaine et des laitues semées en octobre; puis, on sème sur couche les premiers melons, les aubergines, le piment, les tomates, le céleri rave et la tétragone.

On sème les arroches, puis on continue en pleine terre les semis de carottes, épinard, choux de Milan, pois, fèves, lentille, ciboule, oignon rouge et jaune, poireau, salsifis, scorsonéré, etc.

Dans le midi, on sème les premiers haricots dans la seconde quinzaine du mois.

Avril.

La température de ce mois exige quelquefois qu'on arrose les semis et les plants nouvelement repiqués; mais comme les nuits sont fraiches, on ne doit arroser que dans la matinée. Dans les premiers jours du mois, on plante les œilletons d'artichauts, les derniers fraisiers, des laitues, des romaines. On sème sur couche de la chicorée fine, des melons, des potirons, des concombres, des aubergines, de la tétragone, des piments, des tomates, des haricots pour repiquer en pleine terre, mais sous cloche.

On sème les arroches, le céleri, les laitues et romaines d'été, les choufleurs de printemps, les choux pommés Saint-Denis, Quintal, rouge petit et gros, de Bruxelles. On continue les semis de carotte, panais, cerfeuil, épinard, céleri, oseille, cresson alénois, persil, ciboule, chicorée sauvage, pois, pomme de terre, pimprenelle, radis, salsifis, scorsonère, et, vers la fin du mois, on sème les betteraves.

Mai.

Comme précédemment, les arrosements doivent avoir lieu dans la matinée ; on continue d'éclaircir les semis, de sarcler et de biner les plantes cultivées en ligne.

On plante les patates, les aubergines, les piments, les tomates, les potirons et les concombres semés en mars et avril.

On sème les cardons, les fraisiers, la poirée blonde et la poirée à carde, les haricots, les navets, le pourpier doré, les radis noir, la tétragone, les choux rave.

On continue les semis de betteraves, de carotte hâtive, laitues et romaines, choufleurs, chicorée frisée, céleri, cerfeuil, ciboule, concombre, courges, cresson alénois, chou de Milan, pommé de Saint-Denis, Quintal, Vaugirard, rouge gros et petit, épinard, oseille, pois, pomme de terre, radis; on sème les derniers melons.

Juin.

Les travaux de ce mois consistent à sarcler et à biner les plantes cultivées en ligne.

En raison de la chaleur du jour, les arrosements doivent être faits le soir de préférence, afin que l'eau puisse pénétrer pendant la nuit jusqu'aux racines des plantes.

On sème à une exposition ombragée des choufleurs pour l'automne, des brocolis, de la raiponce, de la scarole et de la chicorée de Meaux.

On continue les semis de carottes hâtives, chou de Milan, chou rave, ciboule, cerfeuil, haricots, laitues et romaines, navets, oseille, pois, pomme de terre, pourpier, radis, raiponce, poirée à cardes. On repique le poireau semé en mars; on plante les potirons et les concombres, et, vers la fin du mois, on plante les céleris semés en avril.

Pendant ce mois, on récolte la graine de cerfeuil, cresson alénois, navets, mâches.

Juillet.

Les arrosements doivent être abondants pendant ce mois, l'un des plus chauds de l'année, et avoir lieu le soir de préférence. On fait les derniers semis des plantes qui doivent être récoltées avant l'hiver, telles que carottes hâtives, chicorée de Meaux, scarole, ciboule, chou navet, laitues et romaines, oseille, navets, pois, pourpier doré, haricots, radis, raiponce.

On repique le céleri semé en mai, les choux et les choufleurs semés dans le mois précédent.

Pendant ce mois on récolte les graines de cerfeuil, de choux, d'épinards, d'oseille, de pois, de raiponce, de salsifis et de scorsonère.

FIN.

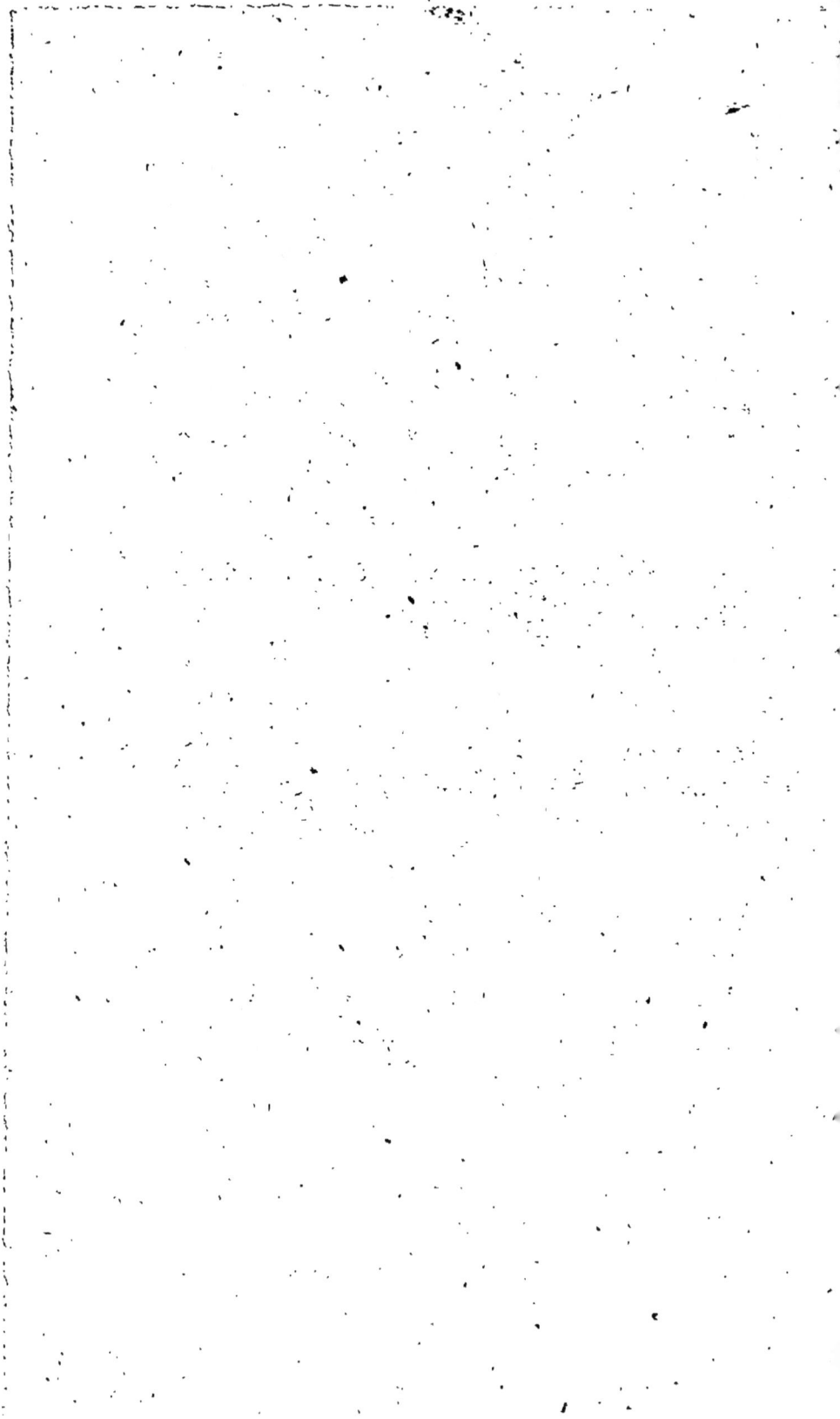

TABLE.

—

A.

B.

C.

D.

E.

F.

H.

L.

M.

FIN DE LA TABLE.

Ouvrages du même Auteur.

MANUEL PRATIQUE DE JARDINAGE, ouvrage spécialement destiné aux amateurs d'horticulture, et contenant tout ce qu'il est nécessaire de savoir pour cultiver soi-même son jardin ou en diriger la culture; 3ᵉ édition, revue et augmentée. 1 vol. in-12, avec gravures.   3 fr. 50 c.

MANUEL PRATIQUE DE CULTURE MARAICHÈRE, ouvrage couronné d'une médaille d'or par la Société nationale et centrale d'Agriculture; 2ᵉ édition. 1 vol. in-12, avec gravures.   3 fr. 50 c.

INSTRUCTIONS PRATIQUES SUR LA CULTURE DES PLANTES dans les appartements, sur les fenêtres et dans les petits jardins. In-48, orné de vignettes.   75 c.

IMPRIMERIE DE J.-B. GROS, RUE DES NOYERS, 74.

www.ingramcontent.com/pod-product-compliance
Lightning Source LLC
Chambersburg PA
CBHW072343200326
41519CB00015B/3637